宠物营养与食品

◎ 王金全 著

中国农业科学技术出版社

图书在版编目（CIP）数据

宠物营养与食品 / 王金全著. —北京：中国农业科学技术
出版社，2018.12（2023.12 重印）

ISBN 978-7-5116-3834-2

Ⅰ.①宠…　Ⅱ.①王…　Ⅲ.①宠物-食品营养　Ⅳ.①S815

中国版本图书馆 CIP 数据核字（2018）第 192804 号

责任编辑	闫庆健　陶　莲
责任校对	李向荣

出 版 者	中国农业科学技术出版社
	北京市中关村南大街 12 号　邮编：100081
电　　话	（010）82109705（编辑室）　（010）82109702（发行部）
	（010）82109709（读者服务部）
传　　真	（010）82106650
网　　址	http://www.CASTP.cn
经 销 者	各地新华书店
印 刷 者	北京中科印刷有限公司
开　　本	787mm×1 092mm　1/16
印　　张	14.25
字　　数	338 千字
版　　次	2018 年 12 月第 1 版　2023 年 12 月第 6 次印刷
定　　价	120.00 元

《宠物营养与食品》
著委会

主　著　王金全

副主著　王晓红　王　磊　冀叶军　樊　霞　周岩华
　　　　丁丽敏　陈志敏　陈鲜鑫

参著人员（按姓氏笔画排序）

Barry P. Howard	马继强	王天飞	王建梅
王春阳	付京杰	刘　杰	刘保杰	刘清神
吕宗浩	孙本柱	师　阳	许　久	闫庆国
吴万灵	张　军	张俊楠	李　庆	李　俊
李　洋	李秀梅	李祥明	杨　凡	杨　洁
杨正楠	杨洪海	杨培龙	汪迎春	谷　旭
邹连生	陈　靓	陈宝江	易　哲	侯英杰
姚　婷	赵　明	赵　雷	闻治国	殷　军
秦　华	秦永林	袁　方	崔　巍	黄华隆
谢秀兰	潘渝锋	冀少波		

资助项目及单位

1. "农业农村部宠物饲料（食品）质量安全预警监测"项目

2. "十三五"国家重点研发计划（2016YFF0201802）"特种饲料质量控制与评价标准与标准样品研究—宠物挤压膨化饲料生产质量控制与评价技术研究"

3. 中国农业科学院科技创新工程

4. 中国农业科学院饲料研究所新型饲料资源研究与利用创新团队

5. 中国农业科学院饲料研究所宠物营养与食品课题组

前　言

随着我国经济的发展和居民生活水平的提高，宠物犬猫的饲养量不断增加，对宠物食品的需求也越来越大。据中国农业科学院统计，从 2013 年到 2017 年，全国宠物犬猫粮的年增长率达到 30%，2018 年产量超过了 130 万吨，产值约为 400 亿元。如今，宠物产业受到越来越多的关注和资本的追捧，预测未来 10 年会保持旺盛的增长态势。

由于宠物食品在我国尚属新兴产业，从事宠物犬猫营养和宠物食品加工领域研究的专业机构和人才十分缺乏，相关的科学研究和技术水平落后于发达国家，远不能满足当前我国宠物食品行业迅猛发展的需求。

目前我国还没有一本综合性论述宠物营养与食品加工的书籍，鉴于此，我们邀请农业农村部起草《宠物饲料管理办法》的专家，组织中国农业科学院和中国农业大学长期从事宠物营养研究的科技工作者，联合国内宠物食品企业的生产技术人员和宠物食品加工设备的制造商一起，著写了《宠物营养与食品》这本书，奉献给广大读者。

对于我们著写人员来说，这是一份充满爱心和耐心的工作。我们希望《宠物营养与食品》一书可以为宠物食品工业提供参考。在这里我要再次感谢江苏华丽食品机械股份有限公司、扬州牧羊唯美自动化控制有限公司、江苏丰尚智能科技有限公司美国研究院、华兴宠物食品有限公司、烟台中宠食品股份有限公司、上海比瑞吉宠物用品股份有限公司、上海福贝宠物用品有限公司、上海耐威克宠物用品有限公司、成都好主人宠物食品有限公司、海大宠物食品（威海）有限公司、江苏疯狂小狗宠物用品有限公司、乖宝宠物食品集团有限责任公司、北京开元爱宠食品有限公司、怀来安贝宠物食品有限公司、佛山市雷米高动物营养保健科技有限公司、山东帅克宠物用品有限公司、邢台美神宠物食品有限公司、蛙牌宠物（湖北）股份有限公司、上海味翼邦生物技术有限公司、石家庄宝龙迪宠物蛋白饲料有限公司和山东新探索宠物用品有限公司在本书著写过程中提供的大力支持和热心帮助。

由于宠物营养与食品的研究工作在我国处于起步阶段，可参考的文献和资料较少，加之著写人员水平有限，难免遗漏和不足之处，恳请专家和读者赐教指正。我们欢迎任何有创意的意见和建议来帮助我们将来修订和更新版本，请随时与我们通过 E-mail 联系，wangjinquan@ caas. cn。

著　者

2018 年 12 月

目 录

第一篇 宠物犬猫营养学

第二篇　宠物食品生产设备与工艺

第一篇

宠物犬猫营养学

第一章 犬猫营养学基础理论

第一节 犬猫的营养消化生理

犬和猫经过长期的驯养进化，犬变成以肉食为主的杂食动物，猫仍属完全肉食动物。犬和猫的消化器官由消化道和消化腺组成（图 1-1-1，图 1-1-2），消化道主要由口腔、咽腔、食管、胃、小肠、大肠和盲肠组成；犬和猫消化道除了长度不同，其他方面较相似。消化腺有唾液腺、胰腺、肠腺、胆囊和肝脏等。消化过程是物理消化、化学消化和微生物消化的综合结果。

一、消化道

1. 口腔

消化过程从口腔开始，犬猫唾液腺发达，咀嚼食物时，唾液腺分泌大量的唾液，除了润滑口腔、食道和湿润食物之外，唾液中的溶菌酶具有杀菌和清理口腔的作用。犬和猫唾液中缺乏淀粉酶，在口腔中没有对淀粉的消化过程。猫进食时不像犬那样直接吞咽，而是把食物切割成小碎块再吞食。

2. 胃

犬和猫的胃通过分泌胃酸、胃蛋白酶和脂肪酶对食糜进行消化，犬胃液中的盐酸含量非常高，居家畜之首。犬胃中 pH 值一般为 1~2，猫胃中 pH 值平均为 2.5。

3. 肠道

犬的消化道相对较短，肠管的长度是体长的 3~5 倍（牛羊是 7~10 倍，人是 8~10 倍，猪是 13 倍），由于肠道蠕动快，食物在肠道内停留时间短，整个排空时间是 12~14 小时，所以犬常有饥饿感。干粮的排空速度要低于湿粮；日粮中可溶性纤维素含量越高，排空速度越快；犬的盲肠和身体的比值小于猪，大于猫，进化的角度证明犬更适合于杂食。犬猫对食物进行酶的消化主要在小肠，由于腺体发达，消化液中蛋白酶和脂肪酶含量丰富，肝脏功能强大，胆汁分泌旺盛，因此犬猫对食物中的蛋白质和脂肪的消化吸收能力相对较强。犬的回肠和十二指肠微生物数量低于 10^4 菌落单位/毫升，在回肠和结肠结合处达到 10^6 菌落单位/毫升；猫小肠中含有更高浓度的微生物，十二指肠的细菌总数达到 10^8 菌落单位/毫升。

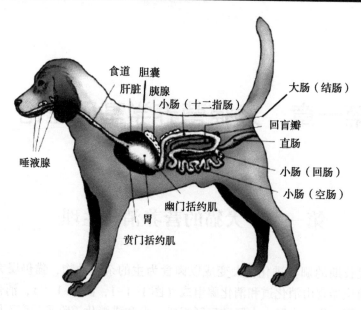

图 1-1-1 犬的消化道图示

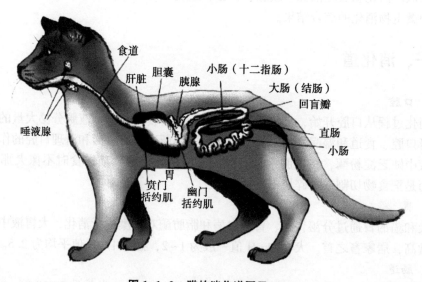

图 1-1-2 猫的消化道图示

小肠微生物发酵产生短链的脂肪酸（SCFAs），能够维持肠道健康；研究证明，低聚果糖（FOS）和甘露寡糖（MOS）可以促进肠道有益微生物的增长，防止有害微生物定殖，从而维持犬猫肠道的健康。相对而言，犬猫大肠和盲肠不但细菌数量少，而且种类也少，因此，人能很好适应更换食物，而犬猫则不能，它们需要逐步换食，否则消化道微生物极易发生紊乱引起腹泻。

二、味觉

犬舌头乳头味蕾较少，对味觉的敏感度相对人要低；通常，犬和猫对氨基酸、不同类型的有机酸和核苷酸有非常高的敏感度，这些都是动物组织中含量丰富的有机物；咸味对犬和猫都有很强的诱食作用，对犬的作用要强于猫；犬和猫的味觉区别在于甜味，犬对甜味有特别的喜好，研究表明，有一个编码甜味受体的基因在猫的舌头上没有表达，因此，猫对甜味不敏感。但是要注意不能给犬喂食巧克力，以防止可可碱中毒。猫对奎宁、鞣酸、生物碱类的苦味敏感；相反，犬对苦味是排斥的；犬和猫的这种味觉差别也反映出犬是杂食性，猫偏肉食性。

第二节　犬猫基础营养学

一、基础知识及名词概念

宠物营养：是研究宠物摄入、利用营养物质的全过程以及营养物质与宠物生命活动相互关系的科学。

食物中的有效成分能够被有机体用以维持生命、生长、繁殖的一切化学物质，称为营养物质或营养素、养分。犬和猫的基本营养素有蛋白质、碳水化合物、脂类、维生素、矿物质和水。

宠物饲料是指经工业化加工、制作的供宠物犬、猫食用的产品，也可称为宠物食品。包括宠物配合饲料、宠物添加剂预混合饲料和其他宠物饲料。

宠物配合饲料是指为满足宠物不同生命阶段或者特定生理、病理状况下的营养需要，将多种饲料原料和饲料添加剂按照一定比例配制的饲料，单独使用即可满足宠物全面营养需要。

宠物添加剂预混合饲料是指为满足宠物对氨基酸、维生素、矿物质微量元素、酶制剂等营养性饲料添加剂的需要，由两种（类）或者两种（类）以上的营养性饲料添加剂与载体或者稀释剂按照一定比例配制的饲料。产品可用于加工宠物配合饲料，也可用于宠物直接食用。宠物添加剂预混合饲料使用的载体或者稀释剂品种由国务院农业行政主管部门规定。

其他宠物饲料是指由几种饲料原料或者饲料添加剂按照一定比例配制的饲料，用于实现奖励宠物、与宠物互动或者刺激宠物咀嚼、撕咬等目的，也叫宠物零食。

本书中"宠物食品""宠物饲料""饲料""犬猫粮""日粮"5个名词通用，本书中"宠物"特指"犬和猫"。

二、宠物食品中的营养要素

宠物食品中概略养分有水分、粗蛋白质、粗脂肪、粗灰分、粗纤维和无氮浸出物。

1. 水分

宠物食品中的水分为游离水与结合水，游离水是指存在于细胞间，与细胞结合不紧密，容易挥发的水；结合水是指与细胞内的亲水胶体物质结合紧密，不容易挥发的水；宠物食品除去游离水称作风干物质，除去结合水和游离水称作绝干物质，也叫干物质（DM）。DM%=100%-总水分%，通常的营养成分含量都以干物质为基础。

2. 粗蛋白质（crude protein，CP）

通常所说粗蛋白质是指日粮所有含氮化合物的总称。宠物食品中的粗蛋白质是用凯氏定氮法测定的。一般情况下，粗蛋白质中的含氮量为16%，所以凯氏定氮法测定的总氮量除以16%（或乘以6.25）即得到宠物食品中的粗蛋白质。

宠物食品中的粗蛋白包含真蛋白氮和非蛋白氮，非蛋白氮中包括游离氨基酸、硝酸盐、胺和激素等。

3. 粗脂肪（ether extract，EE）

粗脂肪是宠物食品、动物组织、动物排泄物中脂溶性物质的总称。常规犬猫粮分析是用乙醚浸提样品所得的物质，故称为乙醚浸出物。粗脂肪包括真脂肪和其他脂溶性物质（色素、维生素、有机酸、叶绿素等）。

4. 粗纤维（crude fiber，CF）

粗纤维是植物细胞壁的主要组成成分，包括纤维素、半纤维素、木质素及果胶等。是犬猫粮样品在1.25%稀酸、1.25%稀碱各煮沸30分钟后所剩余的不溶解的碳水化合物。纤维素是$\beta-1$，4-葡萄糖聚合而成的同质多糖，半纤维素是葡萄糖、果糖、木糖、甘露糖和阿拉伯糖等聚合而成的异质多糖。粗纤维在促进宠物肠道蠕动，维持肠道微生物区系稳定等方面发挥作用。

5. 粗灰分（ASH）

粗灰分是宠物食品、动物组织、动物排泄物样品在550~600℃高温炉中将所有有机物质全部氧化后剩余的残渣，主要为矿物质氧化物或盐类等无机物质，有时还含有少量的泥沙。

6. 无氮浸出物（nitrogen free extract，NFE）

无氮浸出物是宠物食品有机物质中的无氮物质除去脂肪、粗纤维、粗灰分外的部分，包括单糖、双糖和淀粉等可溶性多糖的总称。无氮浸出物除含有碳水化合物外，还包括水溶性维生素等其他物质。

计算方法：NFE%=100%-（水分+粗灰分+粗蛋白质+粗脂肪+粗纤维）%

第二章 犬猫蛋白质与氨基酸营养

第一节 蛋白质与氨基酸营养

蛋白质是生命的物质基础。构成蛋白质的基本单位是氨基酸，氨基酸的数量、种类和排列顺序的变化，组成了各种各样的蛋白质，不同的蛋白质具有不同的结构和功能。动物在生长发育过程中需要不断从自然界获得蛋白质。

一、蛋白质的概念和基本结构

蛋白质源于希腊字"proteios"，意为"基本的，第一重要的"，它参与大部分与生命有关的化学反应。动物组织和器官在其生长和更新过程中，必须从食物中不断获取蛋白质，用于合成自身的蛋白质。

（一）蛋白质概念

蛋白质是氨基酸通过肽键、氢键等形成的复杂的具有三维立体结构的大分子聚合物。

蛋白质的组成元素有碳、氢、氧、氮、硫、磷、铁、铜、碘等元素。

碳（%）：51.0~55.0，氧（%）：21.5~23.5，氮（%）：15.5~18.0

氢（%）：6.5~7.3，硫（%）：0.5~2.0，磷（%）：0~1.5

不同原料中粗蛋白的含氮量是不一样的，平均为16%（表1-2-1）。

表1-2-1 不同原料蛋白质的换算系数

饲料名称	蛋白质含氮量（%）	换算系数	饲料名称	蛋白质含氮量（%）	换算系数
玉米	16.0	6.25	全脂大豆粉	17.5	5.72
小麦粉	17.2	5.83	向日葵饼	18.9	5.30
麸皮	15.8	6.31	花生	18.3	5.46
燕麦	17.2	5.83	乳及乳制品	15.9	6.28

（二）蛋白质结构

一级结构：是指蛋白质肽链中氨基酸的排列顺序，氨基酸的测序就是测定蛋白质的一级结构。

高级结构：肽链在空间上的排列、分布和走向，包括二级结构（肽链依靠氢键在空间的卷曲）、三级结构（肽链在二级结构的基础上进一步卷曲折叠）和四级结构（大分子蛋白质亚基间的立体排布）。

（三）氨基酸的化学结构和构型

氨基酸是组成蛋白质的基本单位，这些氨基酸按种类、数量和排列顺序构成各种各样的蛋白质。

氨基酸的化学结构：1个短链羧酸的碳原子上结合1个氨基。

氨基酸具有两性电离特征，在不同pH值溶液中可以解离为阳离子、阴离子或两性离子，不同氨基酸具有不同等电点。除甘氨酸外，其他氨基酸都有不对称碳原子，具有D-型和L-型两种旋光异构体。动植物体内蛋白质中的氨基酸都是L-型的，化学合成的氨基酸多为D、L型混合物。D-型蛋氨酸可以通过异构酶转化为L-型参与体内蛋白质的合成，二者具有相同的生物学效价。对于其他大多数氨基酸来说，由于缺乏相应的异构酶，D-型氨基酸不能被动物利用或利用率很低。

（四）氨基酸的连接和肽

肽（peptide）：一个氨基酸分子的a-羧基可以与另一个氨基酸分子的氨基结合，失去一个水分子，形成肽。

小肽（small peptide）：由2个氨基酸分子缩合而成的肽，称二肽；含3个、4个、5个氨基酸的肽分别称为三肽、四肽、五肽，小于10个氨基酸的肽称为小肽。

多肽（polypeptide）：由大于10个小于50个氨基酸残基通过肽键彼此连接成多肽。

二、蛋白质的营养作用

（一）构成机体组织器官的基本成分

宠物的肌肉、神经、结缔组织、腺体、精液、皮肤、血液、毛发等都是以蛋白质为主要成分，起着传导、运输、支持、保护、链接、运动等多种功能。肌肉、肝、脾等组织器官的干物质含蛋白质80%以上，食物蛋白是唯一可用于形成宠物体蛋白的来源。

（二）机体内功能物质的主要成分

是机体内起催化作用的酶、激素、免疫抗体、承担养分和氧的运输、维持渗透压和水分正常分布的功能性物质的主要成分。

（三）组织更新修补的主要原料

宠物新陈代谢过程中，组织和器官的更新、损伤组织的修补都需要蛋白质，据同位素测定，宠物全身蛋白质6~7个月可更新一半。

（四）氧化供能转化为脂肪或糖类

当摄入蛋白质过多、氨基酸不平衡、机体能量不足时，蛋白质转化为糖、脂肪或者分解供能，每克蛋白质在体内氧化分解产生 17.19 千焦的能量。除亮氨酸外其他氨基酸都可糖异生为糖；所有氨基酸都可转化成脂肪。

（五）遗传物质的基础

动物的遗传物质 DNA 与组蛋白集合成为一种复合体-核蛋白，该复合体携带有遗传信息，DNA 在复制过程中，涉及 30 多种酶和蛋白质的参与协同作用。

第二节 蛋白质的消化、吸收和代谢

一、蛋白质的消化

宠物对日粮中蛋白质的消化在胃和小肠前段进行。以化学性酶解消化为主，并伴随部分物理性消化和微生物消化。

首先是胃酸（盐酸）使蛋白质变性，其三维空间结构被破坏，暴露其对蛋白酶敏感的大多数肽键；其次，胃酸激活胃蛋白酶，在蛋白酶的作用下，蛋白质分子降解为含氨基酸数量不等的各种多肽；随后在小肠中，多肽在胰腺分泌的羧基肽酶和氨基肽酶等外切酶的作用下，进一步降解为游离氨基酸和寡肽，2~3 个肽键的寡肽能够被肠黏膜直接吸收，或者经二肽酶水解为氨基酸后被吸收，二肽酶的作用需要 Mg^+、Zn^+、Mn^+ 等金属离子的参与。宠物消化蛋白质的酶主要是十二指肠中胰蛋白酶、糜蛋白酶等内切酶及羧基肽酶、氨基肽酶等外切酶（表 1-2-2，图 1-2-1）。

吸收主要在小肠前 2/3 部分进行，试验证明，各种氨基酸的吸收速度不同，部分氨基酸的吸收速度为：胱氨酸>蛋氨酸>色氨酸>亮氨酸>苯丙氨酸>赖氨酸≈丙氨酸>丝氨酸>天冬氨酸>谷氨酸。吸收是需要钠参与的主动性转运过程，被吸收的氨基酸主要经门静脉运送到肝脏，只有少量的氨基酸经淋巴系统转运。新生的幼宠，出生后 24~36 小时，能够直接吸收母乳中的免疫球蛋白获得抗体。

表 1-2-2　与蛋白质消化相关酶的作用位点

消化酶	作用位点
胃蛋白酶	含苯丙氨酸或酪氨酸的肽键
胰蛋白酶	特异性水解氨基酸等碱性 AA 提供羧基的肽键
糜蛋白酶	特异性水解以芳香氨基酸提供羧基的肽键
羧基肽酶（来源于胰腺和小肠腺）	从肽链的羧基端顺序切下单个氨基酸

（续表）

消化酶	作用位点
氨基肽酶（来源于小肠腺）	从肽链的氨基端顺序切下单个氨基酸
二肽酶（来源于小肠腺）	把二肽水解成游离氨基酸

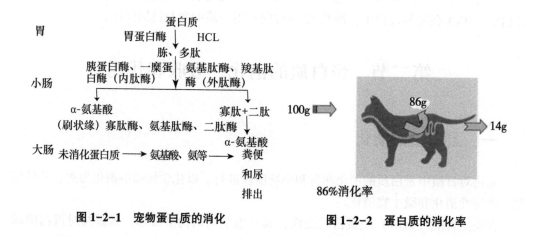

图 1-2-1　宠物蛋白质的消化

图 1-2-2　蛋白质的消化率

宠物犬猫对植物性蛋白质只能消化 60%～80%，肉类的必需氨基酸的种类比较齐全，含量均衡，消化率可达 90%～95%（图 1-2-2）。

二、氨基酸的吸收和转运

1. 氨基酸的转运

氨基酸通过与氨基酸转运载体和钠形成复合体后，转运入细胞膜内。氨基酸主动转运载体有无电荷 R 基氨基酸载体、带正电荷 R 基氨基酸载体、脯氨酸及甘氨酸载体、带负电荷 R 基氨基酸载体四种。

吸收过程中大量氨基酸积聚于肠黏膜细胞内，然后从细胞中逐渐释放，主要通过毛细血管经门静脉进入肝脏，少量通过乳糜管，经淋巴系统进入血液循环。

2. 小肽的吸收和转运（二肽和三肽）

相当数量的小肽在小肠上皮细胞刷状缘肽酶作用下水解为游离氨基酸后进入肠黏膜细胞；其余小肽通过细胞内途径进入肠黏膜细胞。

肽的转运系统可能有以下三种。

（1）依赖 H^+ 或 Ca^{2+} 浓度电导的主动转运过程，耗能。

（2）pH 依赖性、非耗能的 Na^+/H^+ 交换转运系统。

（3）谷胱甘肽（GSH）转运系统。

三、蛋白质和氨基酸的代谢

氨基酸进入循环后在组织中，主要的去向如图1-2-3和图1-2-4所示。

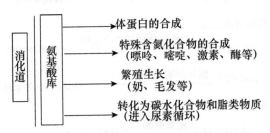

图1-2-3 氨基酸进入循环后在组织中主要去向

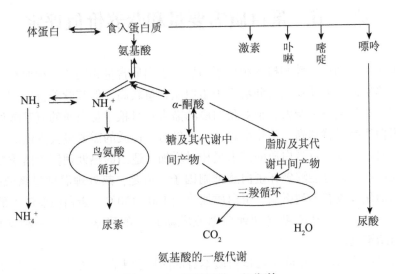

氨基酸的一般代谢

图1-2-4 氨基酸的一般代谢

哺乳动物体内氨的主要去路是生成尿素排出体外，这一过程在肝脏中进行，是一个循环性的反应过程，称为鸟氨酸循环（图1-2-5）。

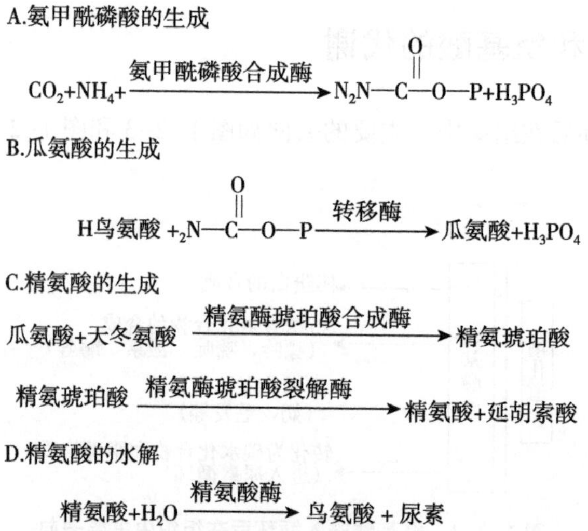

A.氨甲酰磷酸的生成

$$CO_2+NH_4+ \xrightarrow{\text{氨甲酰磷酸合成酶}} N_2N-\overset{O}{\overset{\|}{C}}-O-P+H_3PO_4$$

B.瓜氨酸的生成

$$H鸟氨酸 +_2N-\overset{O}{\overset{\|}{C}}-O-P \xrightarrow{\text{转移酶}} 瓜氨酸+H_3PO_4$$

C.精氨酸的生成

$$瓜氨酸+天冬氨酸 \xrightarrow{\text{精氨酶琥珀酸合成酶}} 精氨琥珀酸$$

$$精氨琥珀酸 \xrightarrow{\text{精氨酶琥珀酸裂解酶}} 精氨酸+延胡索酸$$

D.精氨酸的水解

$$精氨酸+H_2O \xrightarrow{\text{精氨酸酶}} 鸟氨酸 + 尿素$$

图 1-2-5　鸟氨酸循环

第三节　蛋白质需要量和营养价值评定

日粮蛋白质分动物源性和植物源性蛋白质。蛋白质含量相同的两种原料，并不一定有相同的营养价值。如动物毛发和羽毛中蛋白质含量较高，但其营养价值却很低。日粮蛋白质的质量和消化率影响犬、猫对蛋白质的需求；日粮中蛋白质的氨基酸种类和比例越合理，蛋白质品质就越高，消化率越高，犬猫对蛋白质的需要量会降低。当日粮能量浓度增加的时候，宠物对蛋白质的需求量相对增加。适当的热处理使蛋白质变性，有利于消化酶发挥作用，也能够破坏蛋白酶抑制因子。但是，热处理温度过高或时间过长，对氨基酸的消化吸收有不利影响。蛋白质加热到 $100\sim150℃$，蛋白质肽链上的游离氨基（如赖氨酸 ε-氨基）与还原糖（如葡萄糖或乳糖）中的醛基形成了一种氨糖复合物，不能被蛋白酶消化。

犬猫对蛋白质的需要量除了与蛋白质本身的品质和来源有关外，还取决于犬、猫的品种、年龄和生长阶段（幼年、成年、老年）、体型大小（大型、中型、小型）以及犬猫的生理状态和活动量（怀孕、哺乳、运动、工作、疾病）等。

猫的蛋白需要量很高，猫在生长阶段摄入的蛋白质的 60%用于维持机体正常生理功能，而用于生长需要的只有 40%，过高的蛋白质需求是因为猫肝脏不能自动调节分解氨基酸和氨基酸氮酶的分泌，从而不能自动适应日粮蛋白水平的变化；当饲喂低蛋白日粮时，猫还保持着旺盛的蛋白分解代谢活动，因此猫摄入的蛋白质大部分用于机体维持需要。

犬摄入蛋白质的 66%用于生长需要，只有 33%用于维持需要；因此在幼龄动物中，幼犬对蛋白质的需求要高于幼猫，因为幼犬的生长速度要高于幼猫；但是成年阶段，成猫对蛋白质的需求高于成犬。正常的日粮蛋白质摄入能够保持机体代谢需要以及维持组织更新和生长。高水平的蛋白质同样也会提升粮食的适口性。为了满足最大生长需要的氮沉积，初生幼犬的蛋白质（谷物和动物副产品日粮）水平要大于 25%，14 周后可以下降到 20%（NRC）2006。蛋白质需要量标准见表1-2-3。

表 1-2-3　蛋白质需要量标准（和代谢能的相对比值）

		NRC	AAFCO
犬	成年犬维持	8.75%/代谢能 *	18%/代谢能
	生产和繁殖	21%/代谢能（幼犬小于 14 周）	22%/代谢能
猫	成年猫维持	17.5%/代谢能	22.75%/代谢能
	生长和繁殖	20%/代谢能	26.25%/代谢能

注：NRC 国家研究委员会，犬猫营养需要 2006 年版

　　AAFCO 美国饲料管理员协会 2008 年颁布

　　* 代谢能：4000 千卡/千克情况下

过量的蛋白质不能在动物体内贮存，当日粮中脂肪水平低时，蛋白质分解产能，代替一部分脂肪的功能，当日粮脂肪含量满足需要时，过多的蛋白质转化成脂肪贮存，分解的氮随尿液排出。没有明确的数据证明蛋白质的过多摄入会造成健康犬和猫的肾脏功能紊乱，也没有证据证明降低老年犬对蛋白的需求是因为害怕影响肾脏的功能。

粗蛋白质是反映犬猫粮含氮物质的总和，是日粮营养价值评定和饲粮配制的基础指标。可消化粗蛋白质（DCP），是指日粮中蛋白质能够被消化吸收的部分，是日粮总蛋白质减去粪中排出的蛋白质后部分。日粮可消化蛋白质含量是表达蛋白质质量的指标之一。蛋白质的生物学价值 BV 分为表观生物学价值（ABV）和真生物学价值（TBV）。表观生物学价值（ABV）指动物沉积氮与吸收氮之比。

$$ABV（\%）= \frac{食入氮-（粪氮+尿氮）}{食入氮-粪氮} \times 100$$

真生物学价值（TBV）在 ABV 基础上从粪氮中扣除内源的代谢粪氮（MFN），从尿氮中扣除内源尿氮（EUN）。

$$TBV（\%）= \frac{食入氮-（粪氮-MFN）-（尿氮-EUN）}{食入氮-（粪氮-MFN）} \times 100$$

BV 反映了蛋白质消化率和可消化蛋白质的平衡。BV 高，说明日粮中蛋白质可消化氨基酸组成与动物需要更接近。鸡蛋是生物学利用率最高的蛋白原料，如果把鸡蛋的效价作为 100，那么鱼粉和奶的生物学效价为 92，鸡肉是 80 以上，牛肉是 78，豆粕是 67，肉骨粉和小麦是 50，玉米为 45，羽毛粉的蛋白含量很高，但是生物学利用率最低。见图 1-2-6 蛋白质的生物学价值。

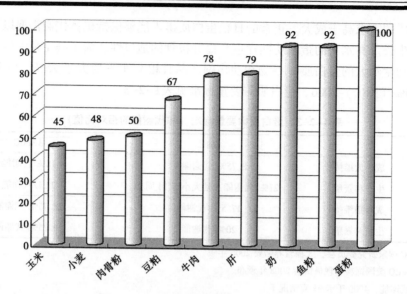

图1-2-6 不同来源蛋白质的生物学价值

第四节 氨基酸的营养

蛋白质的营养实质上就是氨基酸的营养，通常将氨基酸分为必需氨基酸和非必需氨基酸两种，其中犬猫必需氨基酸有10种，非必需氨基酸有12种。

一、犬和猫的氨基酸营养

必需氨基酸（essential amino acids，EAA）指不能由体内代谢合成，或合成量不能满足犬猫需要，必须由日粮提供的氨基酸（表1-2-4）。

表1-2-4 犬和猫22种氨基酸

Essential amino acids 必需氨基酸	Nonessential amino acids 非必需氨基酸
Arginine 精氨酸	Alanine 丙氨酸
Histidine 组氨酸	Asparagine 天门冬酰胺
Isoleucine 异亮氨酸	Aspartate 天冬氨酸
Leucine 亮氨酸	Cysteine 半胱氨酸
Lysine 赖氨酸	Glutamate 谷氨酸
Methionine 蛋氨酸	Glutamine 谷氨酰胺
Phenylalanine 苯丙氨酸	Glycine 甘氨酸
Taurine（cats only）牛磺酸（猫）	Hydroxylysine 羟基赖氨酸
Threonine 苏氨酸	Hydroxyproline 羟基脯氨酸
Tryptophan 色氨酸	Proline 脯氨酸

（续表）

Essential amino acids 必需氨基酸	Nonessential amino acids 非必需氨基酸
Valine 缬氨酸	Serine 丝氨酸
	Tryosine 酪氨酸

（一）精氨酸

精氨酸是犬猫机体蛋白质的重要组成成分，是尿素循环的重要中间体，犬猫日粮中蛋白质水平增加时，精氨酸的需要量也随之增加（表1-2-5，表1-2-6）。

表1-2-5 猫所需精氨酸

蛋白质含量 克/100 克 DM	精氨酸水平 所有生长阶段 克/100 克 DM
25	1.00
28	1.06
30	1.10
35	1.20
40	1.30
45	1.40
50	1.50
55	1.60
60	1.70

大多数动物在肠道黏膜可以利用谷氨酸和脯氨酸合成鸟氨酸，因此精氨酸不是必需氨基酸。猫由于缺少在肠道黏膜合成的能力，必须依靠日粮中提供的精氨酸来满足鸟氨酸的需要（表1-2-7），因此精氨酸是猫的第一限制性氨基酸。精氨酸作为鸟氨酸和尿素前体物质在尿素循环中发挥作用，能够使蛋白质代谢产生的大量的氮元素转化成尿素，并通过尿素循环排出体外，否则血液中的尿素和氨浓度会大幅升高。猫对饲喂无精氨酸日粮非常敏感，其次是赖氨酸、含硫氨基酸（蛋氨酸+胱氨酸）和牛磺酸。

表1-2-6 犬所需精氨酸

蛋白质含量	精氨酸水平（克/100 克 DM）			
	成年期	生长期	生长早期	繁殖期
18	0.52			
20	0.54	0.69		
22.5	0.57	0.72	0.79	0.79
25	0.59	0.74	0.82	0.82
30	0.64	0.79	0.87	0.87

（续表）

蛋白质含量	精氨酸水平（克/100 克 DM）			
	成年期	生长期	生长早期	繁殖期
35	0.69	0.84	0.92	0.92
40	0.74	0.89	0.97	0.97
45	0.79	0.94	1.02	1.02
50	0.84	0.99	1.07	1.07
55	0.89	1.04	1.12	1.12

猫缺乏精氨酸会导致血氨过多，表现为呕吐、肌肉痉挛、运动失调、对触碰敏感、强直性痉挛、昏迷甚至死亡。犬也不能忍受精氨酸缺乏，但是耐受性较强。

表1-2-7　哺乳动物和猫精氨酸合成途径

步骤反应	大多数哺乳动物	猫
谷氨酸+脯氨酸转化成尿氨酸（肠道内）	正常	低
尿氨酸-瓜氨酸（肠道内）	正常	能力低
瓜氨酸-运转到肾	正常	不能运转
瓜氨酸-精氨酸（肾内）	正常	不能转化

（二）赖氨酸

赖氨酸是幼龄宠物生长发育所必需的氨基酸，是宠物体内合成蛋白质和血红蛋白所必需的氨基酸。宠物缺乏赖氨酸时，食欲降低，体况消瘦，生长停滞，红细胞中血红蛋白减少，贫血，甚至引起肝脏病变，皮下脂肪减少，骨的钙化失常等。

日粮中过高的赖氨酸水平［4.91%DM（日粮0.91%+4%添加）］会降低幼犬的日增重，将日粮赖氨酸降到2.91%DM（日粮0.91%+2%添加）时，日增重恢复正常；因此，欧盟设定幼犬生长期赖氨酸最高限量为2.91%DM。

（三）牛磺酸

牛磺酸（Taurine，2-氨基乙磺酸）严格意义上讲不是氨基酸，是一种带有氨基的磺酸。

1. 牛磺酸的生理功能

牛磺酸能加速神经元的增生和延长。同时亦有利于细胞在脑内移动及增长神经轴突，维持细胞膜的电位平衡，帮助电解质如钾、钠、钙及镁进出细胞，从而加强脑部神经的机能。

2. 牛磺酸缺乏

日粮配方中过多的谷物和较低的蛋白含量会造成牛磺酸的缺乏。试验证实，给猫吃犬粮会造成牛磺酸的缺乏；由于犬自身能够合成牛磺酸，因此不是必需，然而研究发现，患扩张性心肌炎（DCM）犬的血浆和血液中牛磺酸水平偏低；日粮中蛋白质组成和蛋白水平也会影响犬对牛磺酸的利用，给犬饲喂植物蛋白源日粮，易造成犬牛磺酸缺乏，原因是豆粕中的蛋白组成中含硫氨基酸含量较低。

牛磺酸的主要作用是调节视网膜细胞功能，影响通过感光色素上皮细胞载体来调节钙和钾离子的流动。当牛磺酸缺乏时，猫的感光细胞膜破裂，功能丧失，最终导致细胞坏死和凋亡。视网膜退化变性（feline central retinal degeneration，FCRD）被定义为猫牛磺酸缺乏的典型症状；牛磺酸缺乏可造成猫扩张性心肌炎（development of dilated cardio myopathy，DCM）；牛磺酸被证明对保证心肌细胞的钙和钾离子的稳定从而保证阳离子的稳定和膜的完整性起到关键作用；母猫缺乏牛磺酸容易造成流产，死胎和弱胎以及幼猫成活率低等；试验证明，饲喂缺乏牛磺酸日粮的泌乳猫，乳汁中的牛磺酸的浓度明显降低；牛磺酸对胎儿发育的影响远大于对母猫发情周期和排卵的影响。

犬和猫专门用牛磺酸合成胆汁酸，当日粮中含有适宜水平的含硫氨基酸时，犬的机体可以合成牛磺酸来满足自身的需要（图1-2-7）；猫合成牛磺酸的能力有限，因为猫体内半胱氨酸双加氧酶和半胱亚磺酸脱羧酶活性较低。

当血浆中牛磺酸含量高于50~60微摩尔/升或者全血中浓度高于200微摩尔/升时，不会导致猫的牛磺酸缺乏。

与冷冻食物相比，热处理过的猫粮会导致猫牛磺酸缺乏，血浆牛磺酸含量降低，原因是热处理过程增加了肠道微生物对牛磺酸的降解。健康的犬自身可以利用蛋氨酸和胱氨酸等含硫氨基酸合成牛磺酸，然而，当日粮蛋白含量过低，或者日粮含硫氨基酸过低时，犬血浆中牛磺酸水平降低。羊肉稻米型犬粮增加缺乏牛磺酸风险，由于稻壳纤维造成含硫氨基酸的生物学利用率降低，加大了牛磺酸的粪便流失。犬血浆牛磺酸含量低于40微摩尔/升容易造成扩张性心肌炎。在设计犬粮配方时，要考虑保证机体牛磺酸的最低水平（>40微摩尔/升血浆，>200微摩尔/升全血）。

3. 牛磺酸的吸收和代谢

影响牛磺酸吸收的因素有日粮的纤维、蛋白组成和加工热处理的程度。一些纤维素和肽类能够在小肠中和牛磺胆酸绑定或者吸附，使牛磺酸在肝肠循环过程中不能被回收利用。米糠会造成犬和猫血浆和血液中牛磺酸的含量降低。美拉德反应也会影响牛磺酸的重吸收，由于美拉德反应产物不被消化，因此会滋生很多肠道微生物，加速牛磺酸的降解，美拉德反应通过影响胆囊收缩素的分泌，分泌更多的胆酸到肠道中，从而间接影响牛磺酸的利用；NRC推荐量为400毫克牛磺酸/千克日粮，然而实际商业产品中推荐干粮1000毫克牛磺酸/千克日粮，和湿粮或者罐头1700毫克牛磺酸/千克，AAFCO推荐干粮1000毫克/千克，湿粮2000毫克/千克；牛磺酸不是蛋白质的结构组成，在组织中是以游离氨基酸或者小肽的形式存在的；心肌细胞和视网膜中含有大量的游离牛磺酸，这两种组织中牛磺酸的含量比血浆中高出100~400倍；牛磺酸在代谢过程中与很多物质形成共轭体，尤其是与胆汁酸共轭。哺乳动物体内没有降解牛磺酸的酶，主要通过尿液排出体外，或者从肠道以牛磺胆酸或类胆汁酸的形式排出；然而，平衡试验研究表明，牛磺酸能被肠道微生物降解。猫的肝肠循环中吸收胆盐的能力有限，大部分牛磺酸随粪便排出体外，猫需要不断地提供牛磺酸来弥补牛磺酸的流失，因此牛磺酸是猫的必需氨基酸（图1-2-7）。

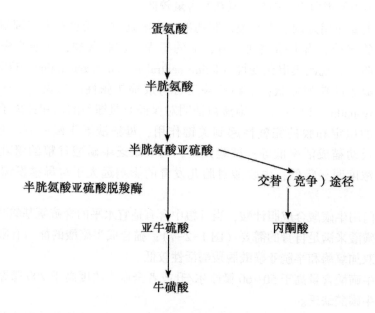

图1-2-7 哺乳动物体内牛磺酸的合成与代谢

牛磺酸只存在于动物性原料中，在肌肉组织和海鲜原料中含量丰富（>1000 毫克/千克 DM），植物性原料中几乎不含牛磺酸。含牛磺酸较高的原料有鳕鱼、羊肉和瘦猪肉等。

（四）蛋氨酸和胱氨酸

蛋氨酸是机体代谢中一种极为重要的甲基供体，蛋氨酸脱甲基后转变为胱氨酸和半胱氨酸，通过甲基转移，参与肾上腺素、胆碱和肌酸的合成；在肝脏脂肪代谢中，参与脂蛋白的合成，将脂肪输出肝外，防止脂肪肝，降低胆固醇。蛋氨酸是犬和猫的必需氨基酸，但是胱氨酸并不是必需，只有在蛋氨酸缺乏时候，胱氨酸才变为必需。蛋氨酸在体内可以合成胱氨酸，日粮胱氨酸能够提供机体对蛋氨酸的需要量的50%，因此，一般采用总含硫氨基酸（蛋氨酸+胱氨酸）量来表示需要量，而不是只用蛋氨酸的需要量。与其他哺乳动物相比，猫对含硫氨基酸的需要更高，例如，生长阶段的犬需要最少1.40克/1000千卡代谢能的蛋氨酸，而猫生长阶段需要量比犬高出25%，达到最低1.75克/1000千卡代谢能，猫对含硫氨基酸的高需求，源于以下几个原因，猫和所有的猫科动物一样，利用蛋氨酸和胱氨酸合成特殊的含硫氨基酸-猫尿氨酸，在肝脏中产生，从尿中排出；成年母猫和阉割公猫排出尿氨酸代谢产物 N -乙酰尿氨酸，成年公猫尿中尿氨酸含量高出成年母猫和阉割公猫1.7~2.3倍。最高可达6倍，因此成年公猫的含硫氨基酸需求更高。尿氨酸的代谢产物，带有一种刺鼻的气味随尿液喷洒出去，散播一种领土占有的生物信息素。

猫需要含硫氨基酸的另外一种原因是维持被毛生长的需要，和磷脂合成过程中的甲基化作用，猫粮中脂肪含量较高，磷脂在日粮脂肪的吸收和转运中起到重要的作用，猫对牛磺酸的需要也是对含硫氨基酸的需要的一部分，蛋氨酸通常是很多宠物食品的第一限制性氨基酸，与含硫氨基酸较高需求一样，蛋氨酸作为牛磺酸的前体物质，成为很多宠物粮生产者设计配方时需要考虑的因素；宠物缺乏蛋氨酸时，造成发育不良，体重减轻，肌肉萎缩，被毛变质，肝脏肾脏机能损伤，容易引起脂肪肝。

（五）色氨酸

色氨酸参与血浆蛋白的更新，并与血红素、烟酸的合成有关，它能促进维生素 B_2 作用的发挥，并具有神经冲动的传递功能，是幼龄宠物生长发育和成年宠物繁殖，泌乳所必需的氨基酸，宠物缺乏色氨酸，食欲降低，体重减轻，生长停滞，贫血，下痢，视力破坏、皮炎等。

大部分动物体内可以将色氨酸转化为烟酸，但是猫缺乏这项机能，需要通过日粮来补充，一般很少造成缺乏。

二、氨基酸之间的拮抗（amino acid antagonism）

概念：是指日粮中某一种或几种氨基酸的浓度过高情况下，影响其他氨基酸的吸收和利用，降低氨基酸的利用率。

拮抗的作用机理：肠道吸收过程中转运载体的竞争；肾小管重吸收过程中转运载体的竞争；代谢过程中相关酶活性的变化等。

氨基酸之间拮抗。

（1）赖氨酸与精氨酸。

（2）亮氨酸、异亮氨酸和缬氨酸（支链氨基酸）。

（3）苏氨酸、甘氨酸、丝氨酸和蛋氨酸，过量丝氨酸使苏氨酸脱氢酶和苏氨酸醛缩酶活性提高。

（4）苏氨酸、苯丙氨酸、色氨酸和组氨酸等存在转运载体竞争。

（5）过量组氨酸、异亮氨酸、酪氨酸和鸟氨酸可以提高精氨酸酶活性。

三、氨基酸平衡和理想蛋白质

1. 氨基酸平衡
指的是日粮氨基酸之间的比例与宠物需要氨基酸之间的比例一致性的程度高。

2. 氨基酸不平衡
日粮氨基酸之间的比例与宠物需要氨基酸之间的比例一致性程度很差，氨基酸不平衡。

3. 限制性氨基酸
限制性氨基酸的种类和顺序取决于动物种类、生长阶段和日粮类型。在其他营养物质满足供应的情况下，动物的生长性能主要取决于第一限制性氨基酸。通过原料相互搭配和氨基酸的添加，可以解除该氨基酸的限制性作用，改善动物的生长性能。

4. 理想蛋白质（ideal protein，IP）

理想蛋白质是指氨基酸组成和比例与宠物机体氨基酸需要完全一致的蛋白质。理想蛋白质不但必需氨基酸之间比例完全平衡，而且必需氨基酸和非必需氨基酸之间比例也完全平衡。动物对理想蛋白质的利用率为100%。

理想蛋白模式的本质是氨基酸间的最佳平衡模式，以这种模式组成的日粮蛋白质最符合宠物的需要，因而能够最大限度地被利用。

第三章　犬猫水与碳水化合物营养

第一节　水与犬猫营养

一、水分

水与碳水化合物、蛋白质等营养成分一样，也是犬和猫必不可少的营养物质之一。宠物机体细胞内液含水 40%~45%，细胞外液含水 20%~25%。犬消耗水量远大于猫，猫体内利用水能力更强，为了减少水的流失，猫的尿液浓度很高，也是容易触发尿结石的原因之一。水虽然不是能量的来源，但对宠物乃至整个机体至关重要。水对养分的消化、吸收、转运、废物排泄有着重要的作用。水是大部分代谢过程和化学反应的介质，水可以吸收大部分机体代谢过程中的产热，以防止体温增高，水还可以通过血液转移体产热，也可以通过体表蒸发带走热量。机体大部分水解反应必须要有水参与，肠道内消化酶的催化反应也是在溶液中进行，肾脏排出代谢废物也是在大量水的参与下完成的。肾脏每天通过尿液排出废物所需的水量称为正常的生物学失水。

宠物绝食期间，虽然损失全部体脂肪，超过一半的体蛋白质时，仍然可以存活，但是当体内失水 10% 的时候，就会面临死亡。

1. 水的分类

总水 $\begin{cases} 游离水（自由水、初水）：存在于细胞之间，结合不紧密，容易挥发。 \\ 结合水（吸附水、束缚水）：与细胞内胶体物质紧密结合，难以挥发。 \end{cases}$

2. 水的作用

（1）构成体组织（表 1-3-1），维持组织器官的正常形态。

表 1-3-1　宠物体中水的百分含量　　　　　　　　（%）

	幼猫	成猫	成年犬	幼年犬
动物体含水量	70~75	60~65	55~60	65~70

一般幼龄动物含水量高，随着年龄增长，含水量下降；动物越肥胖，含水量越少。动物体组织部位不同，水分含量也不同。血液含水>80%，肌肉 72%~78%，骨骼 45%

左右，脂肪组织基本不含水。

（2）参与养分代谢。水是生物体内生化反应的原料，又是生化反应的产物，水使体细胞代谢发生复杂的化学反应成为可能。体内的消化、吸收、分解、合成、氧化还原及细胞呼吸过程都有水的参与。

（3）调节体温。水能吸收动物体内产生的热能，并迅速传递热能和蒸发散失热能，动物可以通过排汗和呼气增发体内的水分，带走多余的热，以维持体温的恒定。因为犬缺乏汗腺，在炎热的夏季，犬张口喘气就是通过急促的呼吸来增强散热。水的导热性好，有助于深部组织热量的散发，防止由于肌肉长时间剧烈运动引起的温度升高。

（4）润滑作用。宠物体关节囊内、体腔内和各器官间的组织液中的水，可以减少关节和器官间的摩擦力，起到润滑作用。水还可以湿润食物而易于犬采食吞咽，并提高其食欲。

3. 宠物犬猫水的来源

犬猫水来源于三种途径，食物中的水，体内代谢水和饮水。

（1）食物水。食物中水的含量依食物不同而不同，干粮含水量一般在 7%~8%，一些罐头类食品含水量达到 84%，在一定范围内，食物中水分含量越高，采食量越大，很多宠物主人在饲喂干粮之前，撒一些水分，能增加宠物的采食量。根据食物中水的含量不同，犬能够精确调节饮水量，猫虽然也具有同样的调节功能，但是猫似乎更能够忍受缺水的情况。

（2）代谢水。代谢水是在含能营养物质，例如碳水化合物、蛋白质和脂肪氧化时，氧原子和氢原子相结合产生的水，100 克的脂肪、碳水化合物和蛋白质氧化产生的水分别是 107 毫升、55 毫升和 41 毫升，代谢水的产量取决于动物的代谢率和日粮类型，然而，代谢产生的水只占动物每日饮水量的 5%~10%，对整个动物机体影响不大。

（3）饮水。水最主要的来源是饮水，影响饮水的因素有气候、温度、日粮类型，运动强度，生理状况，当环境温度和运动增加时，水分需求增加，因为更多的水分随肺呼吸而损失。能量卡路里的损失也会影响饮水，能量摄入增加时，机体代谢废物增加，代谢产热增加，机体需要更多的水分通过尿液来排出废物和热量，同时调节体温。

4. 水的排出

水通过几种途径从机体排出。正常健康的宠物，相对肠道内重吸收的水分，随粪便排出的水分损失很小，当腹泻发生时，水的损失较大，另一种途径就是通过肺部呼吸损失，宠物犬猫通过肺部呼吸水蒸气带走体内热量，是宠物调节体温的重要途径。

（1）肺脏和皮肤的蒸发。在热环境下，借助肺的扩张及广泛密布的毛细血管，从空气中吸取氧气，同时水分也扩散到肺腔中，随呼吸散失到空气中，这种呼吸性失水是必然的。肺脏以水蒸气形式呼出的水量随环境温度的提高和动物活动量的增加而增加。在特殊情况下，犬也可以通过脚趾散发掉少量热量并带走少量水分。

（2）粪、尿失水。粪便中的排水量随动物种类不同及日粮性质不同而不同。一般来说，从粪中丢失的水量与分泌到消化道中的大量液体相比是很少的。犬、猫等动物的粪比较干，由粪便排出的水比较少。肠对水分能够有效地重吸收，只有当肠吸收功能受到严重干扰及腹泻排稀便时，才从这种途径丢失大量水分。

宠物由尿排出的水量受总摄入水量的影响，摄入越多，排出越多。排尿量也受环境温度的影响，环境温度越高，动物活动量越大，由尿排出的水量越少。通常情况下，随尿排出的水量可占总排水量的1/2左右。动物的最低排尿量取决于机体必须排出的溶质的量及肾脏浓缩尿液的能力。

（3）其他方式失水。哺乳宠物在泌乳期间时泌乳也成为失水的重要途径。对于猫来说，在高温情况下，一部分水会通过唾液排出，这是因为唾液被用来润湿被毛和通过水分蒸发来降温。患病动物可能通过出血、呕吐、腹泻大量丢失水分。

5. 水的平衡调节

宠物体内的水分布于全身各组织器官及体液中，细胞内液约占2/3，细胞外液约占1/3，两者不停地进行着水和物质交换，维持体液的动态平衡。宠物体液和消化道内的水量一般是相对稳定的。不同宠物体内水分周转代谢的速度也不用。这种速度还受环境温度、湿度及采食日粮的影响。如果盐分摄入过多，则饮水量必然增加，水的周转代谢也会加快。

水的排出主要通过肾脏调节排尿量来完成。当动物失水过多时，血浆渗透压上升，刺激下丘脑渗透压感受器，促使加压素分泌增加，进而促使水分在肾小管内重吸收，尿量减少。反之，在大量饮水后，血浆渗透压下降，加压素分泌减少，水分重吸收减弱，尿量增加。醛固酮的分泌受到肾素-血管紧张-醛固酮系统以及血钾、血钠离子浓度对肾上腺皮质作用的调节。肾上腺皮质分泌醛固酮激素在增加钠离子吸收的同时，会增加水的重吸收。

和人类相比，猫可能获得较大的尿渗透浓度，可更有效地保留水分。动物体内水的调节是一个复杂的生理过程，由多种调节机制共同来维持体内水保持正常水平。

6. 缺水的影响

（1）失水1%~2%，干渴，食欲减退，生产下降。

（2）失水8%，严重干渴，食欲丧失，抗病力下降。

（3）失水10%，生理失常，代谢紊乱。

（4）失水20%，死亡。

对于生命来说，水是最重要的营养素。尽管犬猫可以在其他营养素缺乏的条件下生存几周甚至数月，但是如果没有水它们在几天内就会危及到生命。如果丢失体内水的10%就会病重，丢失15%的水通常会导致死亡。水也是体内含量最丰富的物质，水大约占机体重量的60%~70%，这与年龄和肌肉含量有关。水参与所有的机体活动（生理活动），包括消化、吸收、营养转运、血容量维持、排除废物、组织构建和修复、机体体温的维持；水是矿物质、维生素、氨基酸、葡萄糖以及许多小分子的溶媒。因此，必须保证供水。

7. 宠物需水量及影响因素

对于犬猫来说，每天的需水量（毫升/天）粗略地相当于动物每天的能量需要（千卡/天）。如果一只犬每天需要1000千卡的能量，那么每天水的需要量大约为1000毫升。气候、运动量以及生理差异对宠物的需水量会有影响。高温季节、运动以后或饲喂较干的食物时，应增加饮水量，实际饲喂中可全天供应清洁卫生的水，任其自由饮用。

8. 宠物食品中的含水量

各种原料均含有水分，其含量差异很大，最高可达95%以上，最低可低于5%。

（1）宠物食品的水分含量。对于所有的宠物来说任何时候都要饮用干净新鲜的水。犬猫可以通过饮水或摄取食物中的水分来获取水分，还可以通过代谢反应来获取水分。当碳水化合物、脂肪和蛋白质用于供能，水分就会作为代谢反应的副产物而产生。

（2）不同的宠物食品水分含量各异。干粮的水分含量约为6%~11%；软湿粮水分的含量约为25%~35%；罐头或者湿粮水分的含量约为60%~87%。

宠物食品的含水量有显著差异，研究发现，饲喂罐头的宠物比饲喂干粮的宠物的饮水量少。犬的水分需求量大约是正常干粮需求量的3倍，或每千克体重的水分需求量是50毫升。

日粮类型和采食量同样也影响水分的摄入，一项研究表明，犬饲喂含水73%的日粮，他们只需要从饮水获得38%的水需要量，当日粮换成含水7%的干粮时候，通过饮水摄入的水分比例立即增加到95%，同样的实验，日粮的盐水平从1.3%增加到4.6%，猫的饮水量增加1倍。

第二节　碳水化合物营养

一、碳水化合物的概念定义和分类

1. 概念

碳水化合物是多羟基的醛，酮或其简单衍生物以及能水解产生上述产物的化合物的总称，主要为碳、氢、氧元素。营养分析中分为无氮浸出物和粗纤维，生化中常用糖类来作为表述，将碳水化合物分为单糖，双糖和多糖。碳水化合物是自然界存在的一大类具有生物功能的有机化合物。它广泛存在于植物性饲料中，是动物能量的主要来源。根据其营养和抗营养作用，多糖可以进一步分为淀粉和非淀粉多糖。

碳水化合物分成可溶和不可溶两类。可溶是指碳水化合物可消化，例如来自各种谷物的淀粉。不可溶碳水化合物包括类似花生壳这样的纤维素。

2. 分类

单糖是最简单的糖结构，由3个到6个碳原子的单个单元组成。葡萄糖，果糖和半乳糖是主要的营养物质和代谢物质，它们是含有6个碳原子的己糖（图1-3-1）。

（1）单糖。根据碳原子数量，分为丙糖、丁糖、戊糖（核糖）、己糖（葡萄糖、果糖、半乳糖、甘露糖）。

丙糖：甘油醛、二羟丙酮；

丁糖：赤鲜糖、苏阿糖等；

戊糖：核糖、核酮糖、木糖、木酮糖、阿拉伯糖等；

己糖：葡萄糖、果糖、半乳糖、甘露糖等；

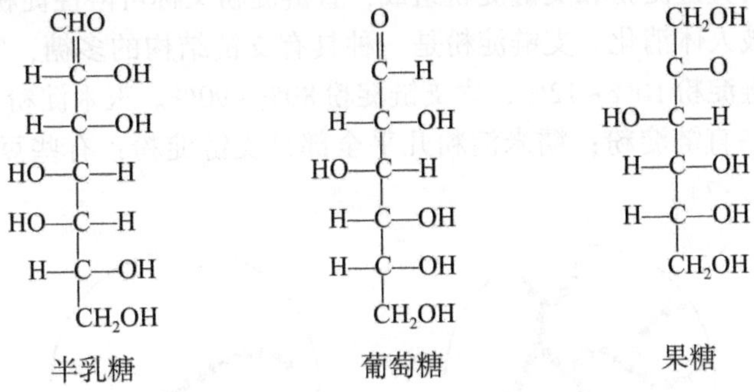

半乳糖   葡萄糖   果糖

图1-3-1 基本的碳水化合物结构

庚糖：景天庚酮糖、葡萄庚酮糖、半乳庚酮糖等；

衍生糖：脱氧糖（脱氧核糖、岩藻糖、鼠李糖）；

氨基糖（葡萄糖胺半乳糖胺）；

糖醇（甘露糖醇、木糖醇、肌糖醇等）；

糖醛酸（葡萄糖醛酸、半乳糖醛酸）；

糖苷（葡萄糖苷、半乳糖苷、果糖苷）。

（2）低聚糖或寡糖（2~10个糖单位）。

二糖：蔗糖（葡萄糖+果糖）；

乳糖（半乳糖+葡萄糖）；

麦芽糖（葡萄糖+葡萄糖）；

纤维二糖（葡萄糖+葡萄糖）；

三糖：棉籽糖（半乳糖+葡萄糖+果糖）；

松三糖（2个葡萄糖+果糖）；

龙胆三糖（2个葡萄糖+果糖）；

洋槐三糖（2个鼠李糖+半乳糖）；

四糖：水苏糖（2个半乳糖+葡萄糖+果糖）；

五糖：毛蕊草糖（3个半乳糖+葡萄糖+果糖）；

六糖：乳六糖。

（3）多聚糖（10个糖单位以上）。

①同质多糖（由同一糖单位组成）。

糖原（葡萄糖聚合物）；

淀粉（葡萄糖聚合物）；

纤维素（葡萄糖聚合物）；

木聚糖（木糖聚合物）；

半乳聚糖（半乳糖聚合物）；

甘露聚糖（甘露糖聚合物）。

②异质多糖。半纤维素是葡萄糖、果糖、木糖、甘露糖和阿拉伯糖等聚合而成的异质多糖，如阿拉伯木聚糖、果胶等。

　　天然的淀粉由直链淀粉和支链淀粉组成，直链淀粉又称可溶性淀粉，溶于热水后成胶体溶液，容易被人体消化。支链淀粉是一种具有支链结构的多糖，它不溶于热水中。大多数淀粉含直链淀粉10%~12%，含支链淀粉80%~90%。玉米淀粉含27%直链淀粉；马铃薯淀粉含20%直链淀粉；糯米淀粉几乎全部是支链淀粉；有些豆类的淀粉则全是直链淀粉（图1-3-2）。

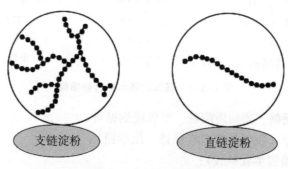

图1-3-2　淀粉结构

　　③纤维素。纤维素结构与直链淀粉结构间的差别在于D-葡萄糖单位之间的连接方式不同，淀粉是由α-1，4-糖苷键链接而成，纤维素由7000~10 000个葡萄糖分子相互间由β-1，4-糖苷键连接而成。分子之间由大量相邻羟基形成的氢键相结合，形成"带状"双迭螺旋结构。纤维素具有很强的化学稳定性，不溶于水和碱液（图1-3-3，表1-3-2）。

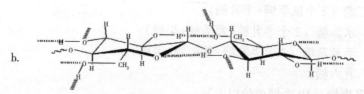

图1-3-3　纤维素分子结构示意图（a）和分子内和分子间氢键（b）

表1-3-2　纤维溶解度

溶解度	不溶性纤维	可溶
发酵	部分或者偏低	容易或者很高
举例	全麦麸，蔬菜（芹菜，西葫芦），果皮，蔬菜皮，抗性淀粉	燕麦，大麦，果胶，脯氨酸种子，菊粉，根茎类蔬菜，豆类，天然树胶的β-葡聚糖

二、碳水化合物的营养生理作用

纤维在宠物食品中可以帮助猫吐出毛球，清洁牙齿；还可以与霉菌毒素结合，降低中毒风险，与水结合膨胀，降低日粮的卡路里，降低日粮消化率和为宠物肠道微生物提供益生元等作用。

1. 单糖

葡萄糖有适度的甜味，是在谷物和水果（葡萄和坚果等）中发现的单糖。葡萄糖是体内淀粉消化、糖原水解的主要的终产物，参与血液循环并且是生物体细胞能量供应的最初形式。

果糖也被称为水果糖，有高度甜味，在蜂蜜，成熟水果和一些蔬菜中。果糖是由蔗糖消化或酸水解产生。在哺乳动物乳液中都有乳糖。半乳糖在乳糖消化过程中释放出来，在体内，半乳糖可以由肝脏转化为葡萄糖，最终以葡萄糖形式参与体内循环。

2. 二糖

二糖是由 2 个单糖单元连接组成。在所有哺乳动物乳液中含有乳糖，有一分子半乳糖和一分子葡萄糖。乳糖是动物源的唯一碳水化合物，在饮食中是非常重要的一类糖。犬猫断奶后，乳糖酶逐渐减少，成年后肠道中缺乏乳糖酶；犬猫食用牛奶后可能后会出现腹泻。蔗糖，也称为食用糖，由一分子葡萄糖连接一分子果糖组成，根茎，甜菜或者槭树糖浆含量丰富。麦芽糖是由 2 个分子葡萄糖连接而组成，这种二糖在大部分食物中不会存在，在体内是淀粉消化的中间产物。

3. 多糖

多糖是许多单糖单元连接成长的、复杂的链状结构。淀粉，糖原，糊精和膳食纤维都是多糖。淀粉是植物体储存的非结构形式的多糖，在大多数商业化的宠物食品中是主要的碳水化合物来源。直链淀粉和支链淀粉是主要的两种淀粉结构。玉米，小麦，高粱，大麦和大米等谷物是主要的淀粉原料。淀粉不是必需，但是犬仍然能够利用；淀粉是犬粮中主要的碳水化合物来源，Walker（1994）年利用回肠瘘管术研究证明，膨化的淀粉在小肠中被完全消化和吸收（99.5%）。日粮中的淀粉和蔗糖在小肠中消化成葡萄糖，被机体利用。但日粮中缺乏淀粉时，机体葡萄糖的供应发生变化，肝脏会转化氨基酸或者脂肪来提供葡萄糖。尽管葡萄糖是犬和猫必需的营养素，但是可消化的碳水化合物并不是必不可少的成分，犬和猫可利用食物中充足的蛋白质氨基酸，通过糖异生作用合成必要的葡萄糖。为了防止低血糖母犬和降低初生幼犬死亡率，日粮中要含有一定量的碳水化合物。研究证明当碳水化合物缺乏时，日粮中蛋白的需求迅速上升甚至成倍增长。糖原是动物体内碳水化合物的储存形式，在肝脏和肌肉中存在，功能是维持体内恒定的葡萄糖浓度。环糊精是一种淀粉消化的中间体产物，在体内消化代谢过程中产生。淀粉、糖原和环糊精的组成单糖结构中有一个 α 构型，它们通过 α 键连接。这些类型的连接键很容易被消化道内的消化酶水解，并且在消化和化学水解过程中产生单糖单元。

虽然犬和猫不能直接消化膳食纤维，但是在肠道菌群中发现的一些微生物在很大程度上可以将这些纤维分解。这些细菌发酵产生了短链脂质（SCFAs）和其他的终产物。细菌的巨大消化能力依赖于许多因素，比如动物物种，饮食中的纤维类型，胃肠运输时间，和其他食物成分的摄入量。可溶性纤维可以形成黏液并溶于水，这些纤维的特点是能够影响胃排空时间和运输时间。大多数可溶性纤维在大肠中产生中度或高度发酵。相反，非可溶解性纤维在它们自身结构中保留一些水分子，不能够形成黏液。这些非可溶纤维很少经过发酵，功能是增加了排泄物和增加排空速度。对于犬和猫来说，胶质和其他可溶性纤维是经过高度发酵的，甜菜果浆是中度发酵的，纤维素是低发酵的（表1-3-3）。

表1-3-3　纤维素分类、可溶性和发酵性能

纤维种类	可溶性	发酵性能
甜菜渣	低	中等
纤维素	低	低
米糠	低	中等
阿拉伯胶	高	中等
果胶	高	高
羧甲基纤维素	高	低
甲基纤维素	高	低
白菜纤维	低	高
瓜尔豆胶	高	高
槐豆胶	高	低
黄原胶	高	低

反刍动物和食草动物可以从纤维素细菌发酵后产生的短链脂质中获得很多能量。但是，犬和猫一类的非食草动物不能够利用这些能量，因为它们的大肠相对较短并且结构简单。虽然这些动物可以产生这些短链脂质盐，但是不能在大肠中大量吸收这些物质。因此，犬和猫的总体的能量平衡不会很大程度受膳食纤维产生的短链脂质的影响。但是，膳食纤维产生的短链脂质是犬和猫胃肠道上皮细胞重要的能量来源。犬和猫小肠、大肠和结肠细胞增殖活跃，具有较高的周转率，需依赖短链脂质作为一种重要的能量来源。一系列研究发现，与不含发酵来源的纤维素物质犬粮相比，含有适度发酵纤维素的犬粮可以增加结肠重量，黏膜表面积和黏膜厚度。这些改变说明结肠吸收能力提高，暗示增加了细胞活力和健康度。虽然高度发酵的膳食纤维可以起到相同的效果，但是这种类型的纤维导致大便量匮乏。经证明，含有适度发酵的膳食纤维并能够提供足够短链脂质产生肠黏液的纤维对于宠物来说是最好的纤维。这些纤维还可以辅助改善犬和猫的胃肠道功能，并作为稀释剂来降低饮食中的能量浓度。还有，某些食物中的发酵纤维素可以起到益生元的作用。益生元是食品中的组成部分，通过刺激胃肠道中的某些种类的细菌的增殖促进消化。

碳水化合物在体内有很多功能。单糖中葡萄糖是组织的重要能量来源；持续稳定的

葡萄糖供应对于中枢神经系统的功能是必需的，心脏肌肉中的糖原是心脏能量供应的重要应激能量源。当血糖浓度较低时，肝脏和肌肉中的糖原可以分解为细胞供应能量。碳水化合物还可以作为非必需氨基酸的碳骨架，并且用于合成葡萄糖醛酸，肝素，硫酸软骨素，免疫多糖，脱氧核糖核酸（DNA）和核糖核酸（RNA）等。碳水化合物与蛋白和脂质连接时，形成体内重要的结构成分。饮食中的碳水化合物提供了能量来源并且协助改善了胃肠道的功能。碳水化合物以糖原的形式储存在体内的数量有限，当碳水化合物的供应超量时，就会以脂肪的形式储存起来。因此过多的碳水化合物会导致脂肪增加和肥胖。易消化的碳水化合物还有蛋白质备用效应。机体利用多余的能量来合成蛋白质，进而用来组织修复或者生长需要。

纤维素、半纤维素、果胶等是犬粮中不能被消化的碳水化合物，却是犬粮中不可缺少的重要成分，纤维素虽然不能被犬的消化酶消化，但可以被结肠内的微生物发酵分解。发酵产生短链的脂肪酸-乙酸、丙酸和丁酸，可以保护犬结肠黏膜的健康。研究证明，犬粮中至少要含有3%的非发酵型的纤维素来保持粪便成型（表1-3-4）。近年来，寡糖等纤维素类非淀粉多糖，作为益生元能促进肠道有益菌（双歧杆菌、乳酸菌）的生长，抑制病原微生物（梭菌、类杆菌属）的增长，从而保护消化道健康。

表1-3-4 纤维素特征

	发酵纤维	非发酵纤维
粪便稠度（大便成形）	+	0
菌群基质	+	0
提供能量	+	0
吸收毒素	0	+
肠道运送	0	+
通过肠道时间	延缓	加速

研究证明，低聚乳果糖和果寡糖能够降低结肠粪便中的臭味物质（氨气、酚类、吲哚和胺类）的产量。这些臭味物质已经被证明引起结肠癌和其他类型的癌变。有时，为了给犬减肥和充斥消化道，日粮中的纤维素可以达到10%。高纤维日粮也可辅助性的用于治疗犬糖尿病，高血脂和结肠炎。

幼犬和幼猫缺少胰淀粉酶，哺乳期不能供给含淀粉食物，猫对一些糖的代谢有限，猫采食低剂量的半乳糖（5.6克/千克体重·天）产生中毒症。猫的小肠黏膜双糖酶活性不能自由调节，猫不适应日粮中高水平的碳水化合物，猫主要靠糖异生作用满足糖的需要，仅能利用一小部分淀粉中的葡萄糖；通常情况下日粮中的纤维素含量一般不超过3%~5%，减肥日粮可以达到10%~15%，高纤维日粮明显降低营养物质脂肪的摄入。碳水化合物中的纤维素不能被消化吸收利用，但对胃肠道的蠕动、清理肠道和防止粪便的过度发酵与排便、增加饱感（控制体重和减肥）等很有好处。但纤维素含量过多会影响食物的适口性、降低脂肪和维生素的吸收、影响排便量、降低锌和铜的吸收等。

三、碳水化合物的消化吸收和代谢

碳水化合物被宠物采食后，胃本身不含消化碳水化合物的酶类，进入小肠的碳水化合物在各种酶类的作用下分解为单糖，淀粉可分解为麦芽糖，进一步分解为葡萄糖。蔗糖可分解为葡萄糖和果糖。乳糖可分解为葡萄糖和半乳糖，其中大部分被小肠壁吸收，经血液输送至肝脏。在肝脏中，其他单糖首先转变为葡萄糖，大部分葡萄糖经体循环输送至身体各组织，参加三羧酸循环，氧化供能；一部分葡萄糖在肝脏合成肝糖原，一部分葡萄糖通过血液输送至肌肉中形成肌糖原；过量的葡萄糖被输送至宠物的脂肪组织及细胞中合成体脂肪作为能源贮备（图1-3-4）。

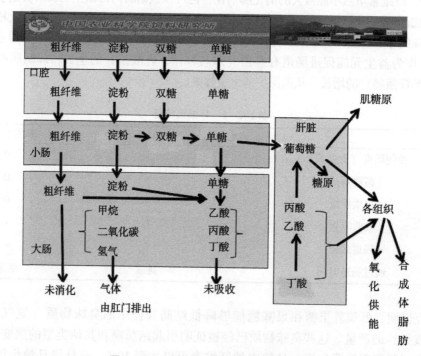

图1-3-4 碳水化合物的消化吸收代谢

犬猫的胃和小肠不含消化粗纤维的酶类，但大肠中的细菌可以将粗纤维发酵降解为乙酸、丙酸和丁酸等挥发性脂肪酸和一些气体。部分挥发性脂肪酸可被肠壁吸收，经血液输送至肝脏，进而被机体所利用，气体则被排出体外。宠物的肠管较短，如猫的肠管只有家兔的1/2，盲肠不发达；犬的肠管只有其体长的3~4倍，进食后最快5~7小时即可将胃中的食物全部排出。因此，对粗纤维的利用能力很弱。未被消化吸收的碳水化合物最终以粪便的形式排出体外。

总的来看，宠物对碳水化合物的消化代谢以淀粉在小肠中消化酶的作用下分解为葡萄糖为主，以粗纤维被大肠中细菌发酵形成挥发性脂肪酸为辅。

第四章 犬猫脂类与能量营养

第一节 脂类的营养

一、脂类的定义与分类

1. 定义

脂类（lipid）是脂肪和类脂的统称，存在于动植物组织中，难溶于水，易溶于乙醚等有机溶剂的一类有机化合物。是宠物食品中含能最高的一类营养物质，是动物能量的重要来源。不同动物对脂类的消化吸收机制不同，营养生理功能也存在差异。

2. 分类

中性脂肪：甘油三酯＝1 甘油+3 脂肪酸

类脂：除了中性脂肪以外的所有脂类。

习惯分类：可皂化和非可皂化脂类（是否与碱发生皂化反应）两大类（图1-4-1）。

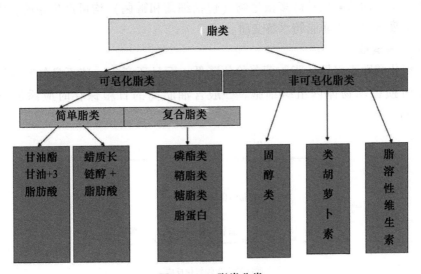

图1-4-1 脂类分类

二、脂类的理化特性

1. 水解作用

尽管脂肪水解产生的游离脂肪酸多为无臭无味的长链脂肪酸，但短链脂肪酸特别是含4~6个碳原子的脂肪酸（如丁酸和己酸）却具有强烈的异味或酸败味，可影响适口性，降低采食量，影响日粮的利用（图1-4-2）。

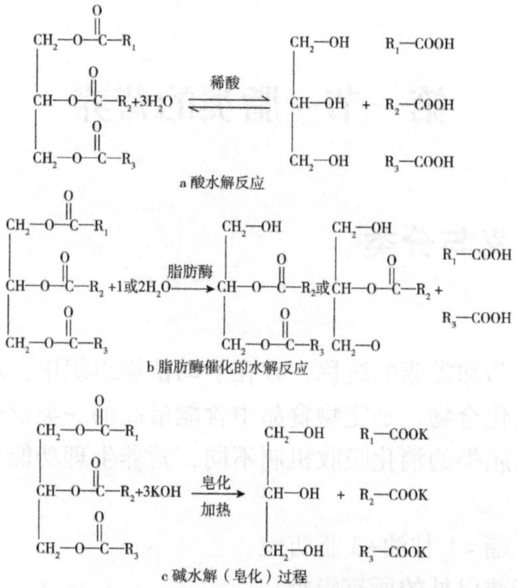

图1-4-2　脂肪的氧化水解

另外，由于动植物以及许多微生物（包括细菌和霉菌）均可产生脂酶，因此在实际生产中应妥善保存以防脂肪水解变质。

2. 氧化与酸败

脂肪氧化酸败不仅导致脂肪营养价值降低，而且还产生一些不良气味，影响适口性，严重时损害动物体内组织细胞。一般含油脂高的日粮保存时应添加抗氧化剂（图1-4-3）。

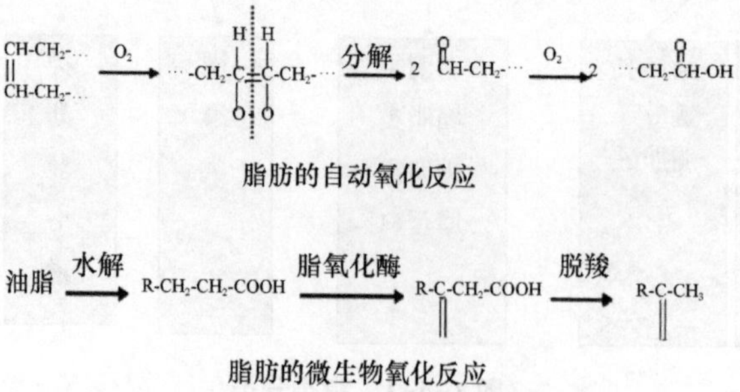

脂肪的自动氧化反应

脂肪的微生物氧化反应

图1-4-3　脂肪的氧化酸败

3. 氢化作用

不饱和脂肪酸的双键在催化剂或酶的作用下与氢发生加成反应，转变为饱和脂肪酸，从而使脂肪的硬度增加，不易酸败，有利于贮存，但也损失必需脂肪酸。

三、脂肪的营养功能

脂肪对犬猫中的能量浓度起到关键作用，能提供必需脂肪酸，合成激素，组成神经系统，构成细胞膜，是皮肤和激素正常运作的重要元素。脂肪除了作为能量的来源外，还有重要的功能是脂溶性维生素的载体，帮助吸收脂溶性维生素 A、维生素 D、维生素 E 和维生素 K。AAFCO 标准中指出犬猫粮中至少要含有 5% 的脂肪和 1% 的亚油酸。

甘油三酯是体内储存能量的最初形式。体内主要的脂肪堆积位置是在皮肤下面、器官周围和肠膜周围。脂肪储存仓库有大量血液和神经系统，并且会恒定的不断移动，当机体需求能量的时候提供能量，当能量供应过量的时候就会储存起来。它们还可以作为隔热体，防止机体的热量丢失，并且可以作为保护层保护器官免受物理伤害。虽然动物以糖原形式储存糖类的能力有限，但是它们可以无限制的以脂肪的形式储存过剩的能量。除了提供能量，脂肪还参与代谢和结构功能。脂肪隔热体可以包绕神经纤维并且辅助传递神经冲动。磷脂和糖脂是细胞膜的结构组成部分，参与转运通过细胞膜的营养物质和代谢产物。脂蛋白可以转运参与血液循环的脂肪。生物体利用胆固醇来产生胆汁酸盐，然后用来消化和吸收脂肪；胆固醇还是一些激素的前体。胆固醇和其他脂质一起在皮肤上形成了保护层，用来阻止体表水分丢失和防止外来物体的侵害。一些必不可少的脂肪酸是生理和药理活性分子的前体，比如环前列腺素、前列腺素、白细胞三烯和凝血酶原激酶。这些物质在体内起到激素类似作用，参与到血管舒张、收缩，肌肉舒张，血压调节，胃酸分泌，调节体温，血液凝固，控制炎症等各个过程中。在饮食中的所有营养物质中，脂肪提供了最多的能量。每克蛋白和糖类提供的最大能量分别大约是 5.65 千卡、4.15 千卡，而脂肪是 9.4 千卡/克。

成年犬在饲喂植物源和动物源脂肪的时候，脂肪的消化率分别为 80% 和 90%。干粮中脂肪的消化率约为 70%~90%。最近，对比 6 种挤压膨化犬粮的脂肪消化率均超过 90%。这些研究表明，在各种类型的犬粮中，脂肪的消化率均高于蛋白和糖类。因此，在宠物食品中提高脂肪的比例可以提供浓缩的、易消化的能量来源，本质上是增加了食物中的能量浓度。

脂肪也影响着日粮的适口性和质地。这显然是十分重要的功能。如能量浓度一样，随着日粮中脂肪含量的增加，犬猫总的采食量会下降，但高脂肪日粮又会刺激更多的采食。因此，尽管脂肪可以提高适口性，但也导致了采食过剩。

四、必需脂肪酸与不饱和脂肪酸

1. 不饱和脂肪酸的概念和分类

概念：不饱和脂肪酸是指脂肪酸碳氢链骨架中含有一个或几个双键的脂肪酸。

分类：分为单不饱脂肪酸（monounsaturate of fatty acid，MUFA）和多不饱脂肪酸（pofyunsaturatef fatty acid，PUFA）两大类（图1-4-4）。

a 饱和脂肪酸

$$CH_3-CH_2-CH_2-CH_2-CH_2-CH_2-CH_2-CH_2-CH_2-CH_2-CH_2-COOH$$

b 单不饱和脂肪酸

$$CH_3-CH_2-CH_2-CH_2-CH_2-CH=CH-CH_2-CH_2-CH_2-CH_2-CH_2-CH_2-COOH$$

c 多不饱和脂肪酸

$$CH_3-CH_2-CH_2-CH_2-CH_2-CH=CH-CH_2-CH=CH-CH_2-CH_2-CH_2-CH_2-CH_2-CH_2-COOH$$

图1-4-4 脂类结构

2. 必需脂肪酸（essential fatty acids，EFA）

概念：必需脂肪酸是指体内不能合成，必须由日粮供给，在体内具有明确的生理作用，对机体正常生长发育和健康不可缺少的多不饱和脂肪酸。

分类：

主要有三种
- 亚油酸　$CH_3(CH_2)_3(CH_2CH=CH)_2(CH_2)_7COOH$
- α-亚麻油酸　$CH_3(CH_2CH=CH)_3(CH_2)_7COOH$
- 花生四烯酸　$CH_3(CH_2)_2(CH_2OH=CH)_4(CH_2)_3COOH$

机体需要两种特殊的必需脂肪酸是omega-3和omega-6脂肪酸，这个术语的含义是从甲基端开始数，第一个双键的位置。Omega-3脂肪酸包括：a-亚麻酸（alpha-linolenic acid，ALA）、二十二碳六烯酸（eicosapentaenoic acid，EPA）、二十碳五烯酸（docosa hexaenoic acid，DHA），a-亚麻酸ALA能转化成EPA，EPA是最重要Omega-3脂肪酸，是细胞膜的组成成分。

Omega-6脂肪酸包括：亚油酸（linoleic acid，LA）、γ-亚麻酸（gamma linolenic acid，GLA）、二高-γ-亚麻酸（Dihomo-gamma-linolenic acid，DGLA）、花生四烯酸（arachidonic acid，AA）。亚油酸LA能够转化成γ-亚麻酸GLA，但是不在皮肤内，二高-γ-亚麻酸DGLA可以在皮肤内由γ-亚麻酸GLA转化而来。亚油酸LA很重要，因为它能维持皮肤内水的渗透压。

大部分的犬粮中omega-6脂肪酸含量高于omega-3脂肪酸，一些生产商添加omega-3脂肪酸来降低omega-6脂肪酸的相对比例。一般omega-6：omega-3脂肪酸的比例在（5~10）：1。值得注意的是，尽管比例值得关注，但是EPA的含量是最重要的因素。在omega-3家族系列中，α亚麻油酸也被认为是犬和猫的必需脂肪酸，但是它们的需要量尚未界定。与omega-6系列的脂肪酸类似，α亚麻油酸转化成长链不饱和脂肪酸如二十碳五烯酸和二十二碳六烯酸是受到限制的，因此在生殖和发育期需要补充。食物中的一些omega-3系列的脂肪酸可以提供均衡营养，并可以平衡omega-6脂肪酸的含量，这些已经得到了研究证实。这些效应与细胞膜上的脂肪成分和花生四烯酸的产物有关。

　　所有的必需脂肪酸都是不饱和脂肪酸。亚麻油脂酸和亚麻酸都含有 18 个碳原子，分别有 2 个和 3 个双键。花生四烯酸含有 20 个碳原子和 4 个双键。亚麻油酸的另一种构型是共轭亚麻油酸（CLA）。CLA 是一类化学结构，是修饰了双键的亚麻油酸异构体。CLA 可以通过反刍动物的反刍细菌产生，也可以通过食品处理获得。经报道，在试验动物模型上，一种特殊的 CLA 可以起到抗动脉粥样硬化的作用。据报道，对于肥胖的犬和猫，CLA 还可以提供机体营养组分。

　　3. 必需脂肪酸的营养和生理作用

　　（1）作为生物膜的构成物质，维持其正常流动性。

　　（2）合成前列腺素。包括凝血恶烷、环前列腺素和白三烯等。前列腺素在局部调控细胞代谢中具有重要作用，包括促进血管收缩、调节血压、调节血液凝集、促进排卵和分娩、促进一些激素的合成与分泌、保护胃肠道细胞和抑制体液与细胞免疫等。

　　（3）调节胆固醇代谢。胆固醇必须与必需脂肪酸结合后正常转运。

　　4. 必需脂肪酸的缺乏

　　（1）造成细胞膜和一些细胞器膜的损伤，使生物膜的通透性增大。主要表现为生长缓慢、细菌感染的机会增多、毛细血管变脆弱、皮肤损伤角质化、水的渗透性增加、视力降低和免疫力下降等。

　　（2）影响前列腺素的合成。表现为不育、肾损伤、高血压、血尿、心肌收缩能力下降、肝脏和心脏中的 ATP 合成减少、氮沉积能力降低。从而导致繁殖期和哺乳期出现皮肤鳞屑和生长不正常，长期会导致死亡。

　　（3）影响胆固醇代谢和转运。胆固醇与其他一些饱和脂肪酸结合形成难溶性胆固醇脂，从而影响胆固醇正常转运，导致代谢异常。

　　5. 必需脂肪酸的来源

　　omega-3 系列脂肪酸和花生四烯酸在鱼油中含量丰富，植物油中含量高于鸡油和猪油，最低的是牛油（表1-4-1）。亚麻籽油富含 α-亚麻酸，高于豆油和菜籽油。水生动物和水生植物（海藻）含有丰富的 omega-3 脂肪酸。与植物脂肪相比，动物脂肪中的甘油三酯含有更高比例的饱和脂肪酸。大多数植物油，除了来源于棕榈树，橄榄树和椰子树之外，含有 80%~90% 的不饱和脂肪酸；动物脂肪含有 50%~60% 的不饱和脂肪酸。在大多数动物中，γ 亚麻油酸和花生四烯酸可以通过改变亚麻油酸的不饱和度和伸展度获得。因此，如果饮食中提供足够的亚麻油酸，对 γ 亚麻油酸和花生四烯酸不用额外的补充。犬能够合成足够的花生四烯酸，但是猫缺乏这项功能，因此，在孕猫和正常发育的猫的饮食中需要添加花生四烯酸。

表 1-4-1　不同原料中脂肪酸的含量

脂肪酸	亚油酸%	花生四烯酸%
红花油	72.7	-
玉米油	55.4	-

（续表）

脂肪酸	亚油酸%	花生四烯酸%
鸡油	22.3	1
牛油	4.3	0.2
鱼油	2.7	25（猫）

一种独特 Omega-3 脂肪酸为二十二碳六烯酸（docosa hexaenoic acid），即 DHA。某些鱼油富含 DHA，如鲱鱼（青鱼的一种）油或鲑鱼油。DHA 对于犬猫胎儿和新生幼宠时期脑和视网膜的发育很重要，脑细胞膜和光感受器膜含有大量 DHA，根据最新的研究，DHA 可影响学习能力、定向能力和运动能力，这对于幼犬和幼猫尤其重要（表1-4-2）。

表1-4-2　脂肪酸的来源和功效

		简写	生理功能	来源	功效
Omega-3 脂肪酸	A-亚麻酸	ALA	参与机体发炎过程、肾血流量、神经系统和血小板凝集等重要的生理过程	亚麻籽、南瓜子、豆油、亚麻籽油或紫苏油	癌症、心脏病、发炎、眼睛发育
	二十碳五烯酸	EPA	使血小板凝聚，使血液畅通，减少血液中胆固醇以及中型脂肪，预防动脉硬化、脑梗死、中风、高血压等疾病	深海鱼	特异性皮炎、关节炎、自身免疫疾病、类维生素 A 治疗、脂溢性皮炎、降低胆固醇
	二十二碳六烯酸	DHA	有促进神经细胞发育，改善大脑记忆功能的作用	深海鱼	特异性皮炎、类维生素 A 治疗
Omega-6 脂肪酸	亚油酸	LA	X X	葵花籽油、红花籽油、豆油、玉米油、月见草油	皮肤干燥、毛发粗糙、脂溢性皮炎
	花生四烯酸	AA	猫的必需脂肪酸	深海鱼	缺乏会造成发炎严重
	γ-亚麻酸	GLA		月见草油、琉璃苣油、黑加仑籽油	特异性皮炎、自身免疫疾病、脂溢性皮炎
	二高-γ-亚麻酸				

五、脂类的消化和吸收

小肠是脂肪消化吸收的主要部位。脂类到达十二指肠后，在肠蠕动的作用下与胆汁混合并乳化形成水包油。胰脂肪酶在辅脂酶（将前者吸附到水界面上）协助下将甘油三酯水解为二酰甘油和单酰甘油。长链脂肪酸和2-甘油一酯以混合微粒到达小肠黏膜细胞被吸收，随后在黏膜细胞中转化为甘油三酯、磷脂、胆固醇酯及少量胆固醇，再与黏膜细胞内合成的载脂蛋白一起形成能溶于水的乳糜微粒（图1-4-5）。一部分脂肪酸可以直接进入门静脉，其余部分与胆固醇、磷脂合成脂蛋白，以及与肠上皮细胞合成的脱辅基蛋白结合进入乳糜管。

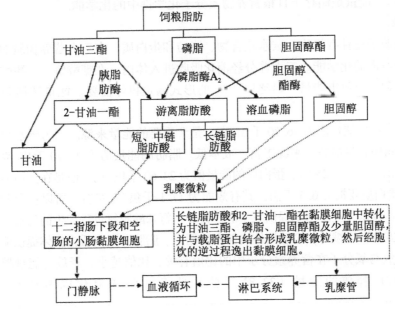

图1-4-5　宠物日粮脂肪的消化、吸收过程

日粮中的脂肪形式不同，其表观消化率可能也会发生改变。研究发现，饱和脂肪酸-硬脂酸表观消化率低（幼猫95.2%，成猫93.2%）；单不饱和脂肪酸表观消化率稍高（幼猫98.2%，成猫96.4%）；多不饱和脂肪酸最高（幼猫98.7%，成猫98.0%），短链脂肪酸比长链脂肪酸更容易消化。

第二节　能量营养

一、能量的概念、作用、来源及衡量单位

1. 概念

能量不是一种营养素，而是能产生能量的营养素在代谢过程中能被氧化的一种特性。能量也可定义为做功的能力。在体内，化学能转化为热能（脂肪、葡萄糖或氨基酸氧化）或机械能（肌肉活动），也可蓄积在体内。

2. 能量的作用

动物维持生命的一切活动，呼吸、心跳、血液循环、肌肉活动、神经活动、腺体分

泌、维持体温以及生长活动，例如生长（增重）、繁殖、泌乳、运动等，主要体现在营养物质在动物体、胎儿和机体（肉、奶、皮毛）中的沉积，其中蛋白质、脂肪和碳水化合物的沉积需要消耗能量。

动物可利用的唯一能量形式，能量在动物体内的代谢遵循着热力学第一定律（能量守恒定律）。能量是储存于日粮营养物质分子化学键中的化学能。

3. 来源

能量来源于三种有机物：碳水化合物、脂肪和蛋白质。在三大营养物质的化学键中贮存着动物所需的化学能。三大养分经消化吸收进入体内，在糖酵解、三羧酸循环或氧化磷酸化过程可释放出能量，最终以 ATP 的形式满足机体需要。能量转换和物质代谢密不可分。

碳水化合物的能量值为 16.70 千焦/克，是犬重要的能量来源。因为碳水化合物在常用植物性饲料中含量最高，来源丰富，成本低。脂肪的能量值为 37.70 千焦/克，有效能值约为碳水化合物的 2.25 倍。蛋白质的能量值为 23.60 千焦/克，但是在蛋白质的供能过程中，1 克蛋白质要损失 6.5 千焦，其有效能为 17.1 千焦/克左右。所以蛋白质用作能源的利用效率比较低，主要用于提供氨基酸。另外，氨基酸脱氨过程产生的氨过多，对动物机体有害。宠物在饥饿时，会动用体内储存的糖原、脂肪和蛋白质为机体提供能量。

能量释放与氧分子在营养素分子中的比值有关，比值越小，释放的能量越多；每克碳氧化成 CO_2 释放的能量（33.81 千焦）低于每克 H 氧化成 H_2O 释放的能量（144.3 千焦）。

脂肪平均含碳 77%、氢 12%、氧 11%；蛋白质平均含碳 52%、氢 7%、氧 22%；碳水化合物平均含碳 44%、氢 6%、氧 50%。含氧量越低，能值越高。

4. 能量单位

1 卡（cal）：标准大气压下，将 1 克水从 14.5℃升高到 15.5℃所需的热，相当于 4.184 焦耳。

1 千卡（kcal）：即 1000 卡；1 兆卡（Mcal）：即 1 000 000 卡，常用于描述营养素与能量的关系。

千焦是 1 牛顿的力，把 1 千克的物体移动 1 米所需要的能量；1 千卡 = 4.18 千焦；1 千焦耳（KJ）：即 1000 焦耳。

国际营养科学学会及国际生理科学学会确认焦耳为统一使用的能量单位。

二、能量在体内的转化及表达体系

1. 总能（gross energy, GE）

有机物质完全氧化燃烧生成二氧化碳、水和其他氧化物时释放的全部能量，可用氧弹式测热计测定。饲料总能主要为碳水化合物、粗蛋白质和粗脂肪能量的总和，是一个物理值，包含可消化/不可消化两部分。总能是饲料能值评定的基础数据，其他指标的计算基础（图 1-4-6，表 1-4-3）。

表 1-4-3　部分营养物质及饲料的总能（干物质基础）　　　（千焦/克）

种类	总能	种类	总能
葡萄糖	15.56	蛋白质	23.64
淀粉	17.50	酪氨酸	24.73
纤维素	17.50	尿素	10.54
脂肪平均值	39.54	尿酸	32.30
牛奶乳脂	38.07	玉米粒	18.41
玉米油	39.33	燕麦秆	18.83
乙酸	14.60	豆饼	23.01

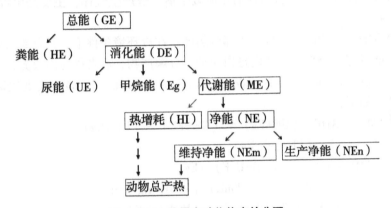

图 1-4-6　能量在动物体内的分配

例题：

已知能值，碳水化合物 17.5 千焦/克，蛋白质 23.64 千焦/克，脂肪 39.54 千焦/克，麸皮含蛋白质 16%，脂肪 4.1%，粗纤维 10%，无氮浸出物 52.8%，求每千克麸皮的总能量多少？

答：1 千克麸皮含蛋白质 1000×16%＝160 克

碳水化合物 1000×（10%+52.8%）＝628 克

脂肪 1000×4.1%＝41 克

总能＝160×17.5+628×23.64+41×39.54＝16.47 兆焦/千克

2. 消化能（digestible energy，DE）

宠物日粮可消化养分所含的能量，即宠物摄入粮食的总能（GE）与粪能（FE）之差：DE＝GE-FE，按此式计算的消化能称为表观消化能（apparent digestible energy，ADE），式中 FE（粪能）包括未被消化吸收的日粮养分；消化道微生物及其代谢产物；消化道分泌物和经消化道排泄的代谢产物；消化道黏膜脱落细胞等。粪能中扣除代谢粪能（fecal energy from metabolic origin products，FmE）后计算的消化能称为真消化能（true digestible energy，TDE）。

$$TDE = GE - (FE - FmE)$$

用真消化能反映日粮的能值比表观消化能准确，但测定较难，故现行宠物营养需要和营养价值表一般都是表观消化能。

消化能值受宠物食品类型、动物种类、宠物食品或日粮加工方式等因素影响。宠物食品的消化能可以通过动物消化试验测定。

3. 代谢能（metabolizable energy，ME）

日粮消化能减去尿能（UE）及消化道可燃气体的能量（Eg）后剩余的能量。

$$ME = DE - (UE + Eg) = GE - FE - UE - Eg$$

它代表可被机体利用的部分，生理有效能。

尿能（energy in urine，UE）是尿中有机物所含的总能，主要来自于蛋白质的代谢产物，如尿素、尿酸、肌酐等。尿氮在哺乳动物中主要来源于尿素。

消化道气体能（Eg）来自动物消化道微生物发酵产生气体，主要是甲烷，经肛门、口腔和鼻孔排出。

微生物发酵产气的同时，也产生部分热能，在冷环境条件下，具有参与维持体温的作用。尿中能量有部分来自于体内蛋白质动员分解产物，后者称为内源氮，所含能量称为内源尿能（urinary energy from endogenous origin products，UeE），表观代谢能和真代谢能计算公式如下：

$$AME = ADE - (UE + Eg) = (GE - FE) - (UE + Eg)$$
$$= GE - (FE + UE + Eg)$$
$$TME = TDE - [(UE - UeE) + Eg]$$
$$= [GE - (FE - FmE)] - UE - Eg + UeE$$
$$= GE - (FE + UE + Eg) + (FmE + UeE)$$
$$= AME + (FmE + UeE)$$

4. 净能（Net Energy，NE）

宠物食品中用于宠物维持生命和生长的能量，即代谢能扣除日粮在体内的热增耗（heat increment，HI）后的能量。是日粮能量利用的最终指标。

$$净能（NE）= 代谢能（ME）- 体增热（HI）$$
$$= 总能 GE - 粪能 FE - 尿能 UE - 气体能 Eg - 体增热 HI$$
$$= 表观代谢能 AME - 体增热 HI$$

HI 是指绝食动物在采食饲料后短时间内，体内产热高于绝食代谢产热的那部分热能，以热的形式散失。以占 ME 的百分比表示

体增热 HI 的来源：

①消化过程产热，咀嚼，营养物质的主动吸收和将饲料的残渣排出体外。

②营养物质代谢作功产热。营养物质氧化供能。

③与营养物质代谢相关的器官肌肉活动所产生的热量。

④肾脏排泄做功产热。

⑤饲料在胃肠道发酵产热（heat of fermentation，HF）。

三、宠物犬猫能量评估与预测

犬猫的不同生理阶段，能量的需求会不同。不同的宠物体型大小、品种、年龄、生理状态等因素都会影响能量需求，尤其是生长、繁殖、运动、寒冷环境下，能量需求会增加，泌乳阶段的能量需求会增加 3 倍。

相对于必需氨基酸和必需脂肪酸，能量显得更为重要，宠物从日粮中摄入的供能营养素首先满足机体能量需要。

犬、猫日粮中 50%~80% 的干物质用于体内能量的需要，在犬猫营养中，用消化能和代谢能体系来评估能量。

碳水化合物、脂肪和蛋白质的化学总能为 4.15、9.4 和 5.65 千卡/克，把消化率和尿液损失除去之后，三种营养素的在宠物中代谢能分别为 3.5、8.5、3.5 千卡/克（表 1-4-4）。

表 1-4-4　消化率和系数

营养物质	人类食品消化率	柯氏系数（千卡/克）	宠物食品消化率	修正的柯氏系数（千卡/克）
碳水化合物	96%	4	85%	3.5
蛋白质	91%	4	80%	3.5
脂肪	96%	9	90%	8.5

能量浓度是衡量犬粮质量的统一标准，不能只看蛋白质和脂肪的百分比，由于宠物摄入食物，首先满足能量需要，然后才是其他营养素的需要，因此，与重量百分比相比，用代谢能相对浓度来代表营养素的浓度更为准确。

两种粮食的蛋白质重量百分比不同，改用蛋白能量百分比例表述时，二者可能含有相同的蛋白质/能量浓度，因此单纯的用蛋白质时质量百分比是不准确的，用能量浓度表述能够更加准确的比较不同食品之间的营养素的贡献。例如一款宠物粮含有 27% 的蛋白质，能量浓度是 3800 千卡 ME/千克，通过计算得出蛋白质对总能的贡献是 24.8%，一款罐头食品，含有 7% 的蛋白质，提供 980 千卡的 ME/千克，当用能量浓度比例表述时，罐头中的蛋白质提供了 25% 的能量（表 1-4-5）。

表 1-4-5　蛋白质百分比转换成能量浓度百分比计算

食品类型	蛋白质	修正的柯氏系数（克）	总能（千卡/100 克食物）	×100%
干粮	27×	3.5	÷380	24.8
罐头	7×	3.5	÷98	25

估算日粮的碳水化合物含量（AAFCO 要求标签标注单位重量的代谢能，如果没有

标注，需要计算得出）。

例：包装袋上的信息

粗蛋白不小于 26%；粗脂肪不小于 15%；粗纤维不大于 5%；粗灰分不大于 7%；水分不大于 10%。

日粮中碳水化合物的计算公式：

100%−粗蛋白质%−粗脂肪%−粗纤维%−粗灰分%−水分% = 100%−26%−15%−5%−7%−10% = 37%

计算出碳水化合物之后，日粮总能量通过各种营养素提供的能量值计算（表1-4-6）。

表1-4-6 从分析保证值中确定能量密度

营养物质	日粮占比%		修正的柯氏系数 （千卡/克）		千卡/100 克
蛋白质	26	×	3.5	=	91
碳水化合物	37	×	3.5	=	129.5
脂肪	15	×	8.5	=	127.5
			总卡路里	=	348

根据标签标注的营养素的含量，再依据犬和猫的营养需要标准，我们就能计算出每种日粮每天的饲喂量。3480 千卡/千克/2.2 = 1582 千卡/磅。

例如：成年犬每天需要 1100 千卡的能量，饲喂的日粮能量浓度是 1582 千卡/磅，计算得出每天需要大约 0.69 磅的犬粮就能够满足需要（1 磅等于 16 盎司，表1-4-7）。

表1-4-7 日需食物总量简单估算

成犬的能量需要量：1100 千卡/天
日粮的能量浓度：1582 千卡/磅

第一步：1100 千卡/天÷1582 千卡/磅 = 0.69 磅日粮

第二步：0.69 磅×16 盎司/磅 = 11.04 盎司
如果一杯犬粮重量为 3 盎司，那么

第三步：11 盎司的犬粮÷3 盎司/杯≈3.66 杯≈$3\frac{1}{2}$ 杯/天

然而这种预测方式，由于没有考虑粗纤维的含量或者消化率，可能会出现偏差，比如会低估高消化率食品的能量含量，而高估了低消化率食品的能量含量；这个预测公式无法适应所有产品，如果要得到精确的数值，建议直接饲喂试验来确定产品的能量含量。

四、犬猫的能量过剩与缺乏

能量缺乏最明显的症状就是体重减轻，早期症状是各部位的脂肪丢失，皮下，肠系膜，肾周围，子宫，睾丸和腹膜的脂肪丢失，骨组织生长缓慢或者停滞，肌肉蛋白被分解用于供能，内源氮损失增加。过量的能量导致肥胖，从而导致一些疾病，如糖尿病，骨骼和心脏的疾病，增加高血脂的威胁，过量的能量摄入还会导致生长动物生长速度过快，大型犬的幼犬经常出现这种情况。一项研究表明，从断奶到年老一直过度饲喂将降低其健康水平和寿命，过度饲喂的犬一个特殊症状就是骨关节炎。

成年犬的平均体内脂肪含量是 23%，水分为 56%，猫的体脂含量为 11%~12%，水分在 62% 左右。

代谢能 ME 更多地被用到评估宠物食品中，一项基于 106 个干粮、半湿粮和罐头样品的试验得出数据：粗蛋白、粗脂肪和无氮浸出物的消化率平均在 81%、85% 和 79%；然而 NRC 建议消化率参数是 80%、90% 和 85%。

总代谢能：日粮代谢能 ME =（3.5×克蛋白质）+（8.5×克脂肪）+（8.5×克无氮浸出物）。美国 AAFCO 建议的计算公式，根据宠物食品配方中标示的营养素的含量，计算总的代谢能值。

能量浓度，指一定重量或体积的宠物食品提供的能量值，美国通常采用千卡/千克标示，欧盟经常用千焦/千克标示。

代谢能主要用于基础代谢，包括生命活动、运动和体增热。

与干粮相比，大部分犬喜欢罐头、半湿粮，相比生食，更喜欢加工熟化的食物，所有的肉类中，犬最喜欢牛肉，喜欢热的食物，脂肪含量高会明显增加采食量。

种群促进（社会助长作用，social facilitation）：犬单独进食和与其他犬一同进食表现出更大的进食量，会抢食，同时也会模仿其他犬的进食行为。

估算犬的维持能量营养需要（表 1-4-8）。

表 1-4-8 成年犬的能量需要计算

活动少的成年犬 *
代谢能需要 = $95×W_{千克}^{0.75}$
例：
10 千克重的犬代谢能需要 = $95×（10 千克）^{0.75}$ = 534 千卡代谢能/天
22.7 千克重的犬代谢能需要 = $95×（22.7 千克）^{0.75}$ = 988 千卡代谢能/天
活动多的成年犬 *
代谢能需要 = $130×W_{千克}^{0.75}$
例：
10 千克重的犬代谢能需要 = $130×（10 千克）^{0.75}$ = 731 千卡代谢能/天
22.7 千克重的犬代谢能需要 = $130×（22.7 千克）^{0.75}$ = 1352 千卡代谢能/天

注：ME，代谢能；*，利用 NRC 国家研究委员会提供的方程估计机构；犬和猫的营养需求，华盛顿，哥伦比亚特区，2006，美国国家科学院出版社

室内活动少的犬只，调节系数 K 值是为 95，活动多的犬只 K=130（表 1-4-9）。

表 1-4-9　饲喂犬和猫食物总量的计算

	能量需求		能量密度		（千克）总量				英镑		盎司		杯/天
犬（22.7千克）	988	÷	3800	=	0.26	×	2.2	=	0.572	=	9.2	=	2.6
猫（4千克）	253	÷	4200	=	0.060	×	2.2	=	0.132	=	2.12	=	0.60
幼犬（10千克）	1462	÷	3800	=	0.385	×	2.2	=	0.846	=	13.5	=	3.86
幼猫（1千克）	250	÷	4200	=	0.059	×	2.2	=	0.129	=	2.06	=	0.58

ME＝代谢能，计算每天犬和猫的采食量（杯），犬粮的能量浓度 3800 千卡/千克，猫粮能量浓度 4200 千卡/千克（表 1-4-10 和表 1-4-11）。

表 1-4-10　成年猫的能量需求计算

瘦的成年猫（NRC 公式）*	超重成年猫（NRC 公式）*
代谢能 ME＝$100 \times W_{千克}^{0.67}$	代谢能 ME＝$130 \times W_{千克}^{0.40}$
例：	例：
4 千克（8.8 磅）代谢能 ME 需要量＝$100 \times$（4 千克）$^{0.67}$＝253 千卡/天	猫代谢能 ME 需要量 6 千克（13.2 磅）＝$130 \times$（6 千克）$^{0.40}$＝266 千卡/天
6 千克（13.2 磅）猫代谢能 ME 需要量＝$100 \times$（6 千克）$^{0.67}$＝332 千卡/天	猫代谢能 ME 需要量 8 千克（17.6 磅）＝$130 \times$（8 千克）$^{0.40}$＝299 千卡/天
青壮年猫（替换公式）*	老龄猫
ME＝$60 \times W_{千克}$	ME＝$45 \times W_{千克}$
例：	例：
4 千克（8.8 磅）猫代谢能 ME 需要量＝60×4 千克＝240 千卡/天	4 千克猫代谢能 ME 需要量＝45×4 千克＝180 千卡/天
6 千克（13.2 磅）猫代谢能 ME 需要量＝60×6 千克＝360 千卡/天	6 千克猫代谢能 ME 需要量＝45×6 千克＝270 千卡/天

表 1-4-11　犬、猫不同生命阶段的能量需求

阶段	能量需求
犬	
断奶后	2×成年维持代谢能*
成年体重的 40%	1.6×成年维持代谢能
成年体重的 80%	1.2×成年维持代谢能
妊娠后期	（1.25~1.5）×成年维持代谢能
哺乳期+	3×成年维持代谢能
持续性的运动	2 到 4×成年维持代谢能
环境温度降低	（1.2~1.8）×成年维持代谢能

（续表）

阶段	能量需求
猫	
断奶后	250 千卡代谢能/千克体重
20 周	250 千卡代谢能/千克体重
30 周	100 千卡代谢能/千克体重
妊娠晚期	1.25×成年维持代谢能
哺乳期	（3~4）×成年维持代谢能

注：ME，代谢能；＊对比成年犬的维持体重；＋基于幼犬数和哺乳周的方程

代谢能＝成年维持＋［BW（千克）×（24n+12m）×L］

（BW＝体重；n＝幼犬数最多 4 只；m＝5 到 8 只幼犬；L＝哺乳周）

猫的妊娠期能量需求增加，不仅仅是妊娠后期的 4~5 周，怀孕末期，能量需求增加 25%，泌乳期能量需求会增加 2.5~3 倍。

犬和猫在生长繁殖运动阶段的能量需要很高，尤其是泌乳阶段能量的需求比正常状态增加 3 倍。

第五章 犬猫维生素与矿物质营养

第一节 维生素营养

维生素（vitamin）一词来自"vitamine"，它是 1911 波兰生物化学家 Casimir Funk 为当时发现的一种所谓的"辅助食物因子"（accessory food factor）起的名字，后来证明这种食物辅助因子是硫胺素即维生素 B_1。

一、维生素的定义

动物维持正常生理机能不可缺少的低分子有机化合物，维持动物生命所必需的微量营养成分。既不提供能量，也不是动物体的组成成分，主要是以辅酶和催化剂的形式广泛参与体内代谢和各种化学反应，从而保证机体组织器官的细胞结构和功能的正常。

维生素是一类有机化合物。存在于天然食物或原料中，与碳水化合物、脂肪、蛋白质和水分不同，维生素存在量少，不能由动物自身合成，必须由日粮供给。是正常组织发育及健康、生长和维持所必需的营养素；在日粮中缺乏或吸收利用不当时，会导致特定的缺乏症或综合征。

另外，有一些维生素在经典概念之外，如胆碱在日粮中用量大，烟酸在体内由色氨酸转化；维生素 C 可以在动物体内合成等。

二、维生素的分类与命名

目前已经确定的维生素有 14 种，按其溶解性可分为脂溶性维生素（A、D、E、K）和水溶性维生素（B 族和 C 族）两大类（表 1-5-1）。

表 1-5-1 维生素的分类和命名

分类	名称	主要同义词	英文
脂溶性维生素	维生素 A	视黄醇、视黄醛、视黄酸	Retinol
	维生素 D	麦角钙化醇、胆钙化醇	Ergocalcifero，Cholecalciferol
	维生素 E	生育酚	Tocopherol
	维生素 K	叶绿醌、甲萘醌	Phylloquinone，menadione，menaquinone
水溶性维生素	维生素 B_1	硫胺素	Thinamin
	维生素 B_2	核黄素	Riboflavin
	维生素 B_6	吡哆醇	Pyridoxol，Pyridoxsl，Pyrodoxamine
	维生素 B_{12}	钴胺素	Cobalamin
	烟酸	维生素 PP、B_5	Niacin，Nictinic acid
	泛酸	维生素 B_3、遍多酸	Pantothenic acid
	生物素	维生素 H、B_7	Biotin
	叶酸	维生素 M、B_c、B_{11}	Folacin，Folic acid
	胆碱	维生素 B_4	Choline
	维生素 C	抗坏血酸	Ascorbic acid

（一）脂溶性维生素

脂溶性维生素是指能溶于脂肪及脂肪溶剂，不溶于水的一类维生素，只含有碳、氢、氧三种元素，在消化道内随脂肪一同被吸收。

1. 维生素 A（视黄醇、抗干眼病维生素）

（1）理化特性。维生素 A 为黄色片状结晶体，它有视黄醇、视黄醛和视黄酸三种衍生物；维生素 A 只存在于动物性原料中，植物性原料中含有维生素 A 原——类胡萝卜素，它们在动物体内可转变为维生素 A；维生素 A 可在肝脏中大量贮存。

（2）维生素 A 的营养生理功能。维生素 A 的营养作用与机体上皮组织、视觉、繁殖、神经等功能有关。

①视觉。维持动物在弱光下的视力，维生素 A 是视觉细胞内的感光物质——视紫红质的成分。

②上皮组织。维持上皮组织的健康；与黏液分泌的上皮粘多糖的合成有关。缺乏维生素 A，上皮组织干燥和过度角质化，易受细菌感染。

③繁殖。参与性激素的形成，维持宠物繁殖能力。

④骨骼。与成骨细胞的活性有关，维持骨骼的正常发育。

肉类原料是较好的维生素 A 的来源，植物中不含维生素 A，但是含 β-胡萝卜素，犬可以将 β-胡萝卜素转化为维生素 A，但是猫缺乏这项功能，必须通过食物补充维生素 A（图 1-5-1）。

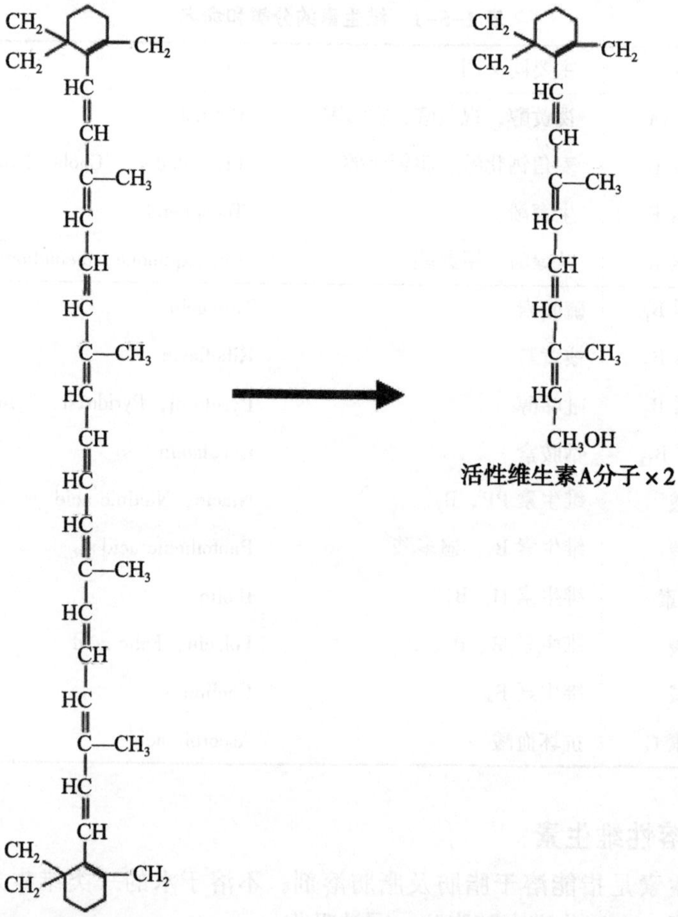

活性维生素A分子×2

β-胡萝卜素

图 1-5-1　1 分子 β-胡萝卜素转化为 2 分子维生素 A

（3）维生素 A 的缺乏症。

①可导致夜盲症。

②结膜炎、角膜炎、干眼病、瞎眼、肺炎、气管炎、肠炎、皮肤损伤、被毛粗糙。

③生长缓慢，体重减轻。

④运动失调、痉挛、抽搐等。

（4）维生素 A 过量。长期或突然摄入过量维生素 A 均可引起动物中毒。肉食动物表现出更高的耐受力，犬对过量维生素 A 没有其他动物敏感，过多的维生素 A 可以被机体贮存起来。母猫日粮维生素 A 不高于 100 000 微克/千克，当摄入需要量的 10 倍剂量时，会引起肝脏损伤、胎儿和骨骼畸形等。

（5）维生素 A 的来源。

动物性原料：如鱼肝油、肝、乳、蛋黄、鱼粉中均含有丰富的维生素 A。

植物性原料：青绿蔬菜，红、黄心甘薯、南瓜与黄色玉米中也较多，胡萝卜中最多。

2. 维生素 D

（1）理化性质。维生素 D 属于固醇类衍生物，包括维生素 D_2（麦角钙化醇，存在于植物）和维生素 D_3（胆钙化醇，存在于动物）。纯维生素 D 为无色晶体，性质稳定，耐热，不易被酸、碱、氧化剂所破坏。但脂肪酸败可破坏维生素 D。

大多数动物皮肤内的 7-脱氢胆固醇-25 羟基钙化醇经紫外线照射合成 1, 25-(OH) 2-D_3，与血钙浓度有关，当日粮中钙过多时，1, 25-（OH）2-D_3 合成下降，从而会减少机体对钙的吸收。植物和酵母中的麦角固醇，经紫外线照射后形成维生素 D_2。日粮中钙缺乏时，甲状旁腺素促进 1, 25-（OH）2-D_3 合成，促进机体对钙的吸收；但是犬和猫通过阳光照射皮肤途径并不能有效地合成维生素 D。

（2）维生素 D 的生理功能。小肠吸收的维生素 D_2 或维生素 D_3 都进入血液，在肝脏、肾脏中经羟化，维生素 D_3 转变为 1, 25-二羟维生素 D_3 后，才能发挥作用。1, 25-二羟维生素 D_3 具有增强小肠酸性，调节钙磷比例，促进钙磷吸收的作用。直接作用于成骨细胞，促进钙磷在骨骼和牙齿中的沉积，有利于骨骼钙化；1, 25-二羟维生素 D 还可刺激单核细胞增殖，使其获得吞噬活性，成为成熟巨噬细胞，影响巨噬细胞的免疫功能。

（3）维生素 D 缺乏症。

①导致钙磷代谢失调，幼年动物患"佝偻症"，常见行动困难，不能站立，生长缓慢。

②成年动物，尤其妊娠母畜和泌乳母畜患"软骨症"，骨质疏松，骨骼脆弱，易折，弓形腿。

③研究表明，即使将犬猫背上的毛剃掉使其接受更多紫外线照射，体内合成维生素 D 的量仍然不足，因为犬和猫都不能转化皮下的 7-脱氢胆固醇为维生素 D_3，因此需要从食物中补充，具体维生素需要量和犬猫年龄，日粮中的钙磷水平相关。

（4）维生素 D 过量。维生素 D 过量也会导致宠物中毒，其特征是血钙过多，出现高血钙症，动脉中钙盐广泛沉积，各种组织和器官如动脉管壁、心脏、肾小管等发生钙质沉着，出现钙化灶，当肾脏严重损伤时，常死于尿毒症。犬上限是需要量的 4~10 倍，猫上限是安全剂量的 9 倍。维生素 D_3 的毒性比维生素 D_2 的毒性大 10~20 倍。

（5）维生素 D 的来源。动物性原料如鱼肝油、肝粉、血粉、酵母以及经阳光晒制的干草等均富含维生素 D。

3. 维生素 E（抗不育维生素）

（1）理化性质。是一组化学结构相似的酚类化合物，具有维生素 E 活性的酚类化合物有 8 种，其中以 α、β、γ、δ 4 种较为重要，以 α-生育酚效价最高。维生素 E 为黄色油状物，不易被酸、热所破坏，对碱不稳定，极易被氧化。它可在脂肪等组织中贮存。

（2）维生素 E 的营养生理功能。维生素 E 是血浆、红细胞和组织中主要的脂溶性抗氧化剂，其主要作用是清除自由基，从而避免自由基和氧化剂对膜和核酸中含硫基较多的蛋白质和多不饱和脂肪酸的损害。

①抗氧化作用。作为维生素 A 和不饱和脂肪酸不受氧化的保护剂。

②维持正常的繁殖机能。促进性腺发育，促进精子生成，提高其活力，增强卵巢机能。

③保证肌肉的正常生长发育，维持肌肉中能量代谢。

④维持毛细血管结构的完整和中枢神经系统的机能。

⑤参与机体内物质代谢，是细胞色素还原酶的辅助因子，参与机体生物氧化，还参与维生素 C 和泛酸的合成等。

⑥增强机体免疫力和抵抗力，促进抗体的生成和淋巴细胞的增殖，提高细胞免疫反应。

（3）维生素 E 的缺乏和过量。缺乏症状与硒缺乏相似，而且也与日粮硒、不饱和脂肪酸和含硫氨基酸的水平有关。犬缺乏易造成骨骼肌营养不良，容易导致白肌病，肝坏死，急性表现为心肌变性而突然死亡，亚急性表现为骨骼肌变性，运动障碍，严重时不能站立。繁殖障碍，种公犬睾丸生殖上皮变性，精液品质下降，精子细胞生成受阻，不育；母犬不妊娠，即使受胎，胎儿易被吸收，胚胎可能中途死亡，或产弱仔；猫脂肪组织炎症，体脂肪变黄，心肌炎等。维生素 E 是相对是无毒的，大多数犬能耐受 100 倍于需要量的剂量。

（4）维生素 E 来源。维生素 E 多存在于谷物胚芽中，青绿饲料维生素 E 含量较禾谷类籽实高 10 倍以上。维生素 E 在犬粮中的作用非常重要，是一种天然抗氧化剂，能保护犬粮中的不饱和脂肪酸和维生素 A 不被氧化。维生素 E 在体内不能合成，但能在脂肪等组织中大量贮存。植物能够合成维生素 E，因此所有谷物饲料都含有丰富的维生素 E，特别是种子的胚芽中。小麦胚油、豆油、花生油也含有丰富的维生素 E，而油饼类和动物性饲料中含量较少。

宠物对维生素 E 的需要量通常以国际单位和重量单位（毫克/千克）表示。1 毫克 $DL-\alpha-$生育酚乙酸酯相当于 1 国际单位维生素 E，1 毫克 $\alpha-$生育酚相当于 1.49 国际单位维生素 E。

犬日粮中含有大量不饱和脂肪酸，因此，维生素 E 需要量较大。专家建议维生素 E 在 30 国际单位/千克添加量的基础上，要保持日粮中生育酚对不饱和脂肪酸的比值至少为 0.60，每增加 1 克鱼油要相应添加 10 国际单位/千克维生素 E（表 1-5-2）。这种需要与日粮中硒的水平和其他抗氧化剂的含量有关。在许多谷物胚芽中含有大量的维生素 E，因而粉碎后准备制成宠物日粮的谷物必须妥善保存，如加入抗氧化剂乙氧基喹啉，以保护其中的维生素 E 和防止霉菌生长，因为氧化后的维生素 E 失去作为维生素和抗氧化剂的功效。

表 1-5-2 某些常见不饱和脂肪酸而增加的对维生素 E 最小需要量的估测

脂肪酸	符号	双键数	维生素 E 需要量（每克脂肪酸中 RRR-α 生育酚的量）
油酸	C18：1n-9	1	0.09
亚油酸	C18：2n-6	2	0.60

（续表）

脂肪酸	符号	双键数	维生素 E 需要量（每克脂肪酸中 RRR-α 生育酚的量）
γ-亚油酸	C18：3n-6	3	0.90
α-亚油酸	C18：3n-3	3	0.90
二高 γ-亚油酸	C18：3n-6	3	0.90
花生四烯酸	C20：4n-6	4	1.20
二十碳五烯酸	C20：5n-3	5	1.50
二十二碳六烯酸	C22：6n-3	6	1.80

资料来源：Muggli，1994

4. 维生素 K（抗出血维生素）

（1）理化性质。维生素 K 是 2-甲基-1，4-萘醌及其衍生物的总称。天然存在的维生素 K 活性物质有最重要的维生素 K_1（叶绿醌，叶中含量高）和维生素 K_2（甲基苯醌，存在动物组织和细菌中），人工合成的是维生素 K_3（甲苯醌）。

维生素 K_1 为黄色油状物，由植物本身合成；维生素 K_2 为黄色晶体，由微生物和动物合成；维生素 K_3 由人工合成，其中大部分溶于水。维生素 K 耐热，但易被光、辐射、碱和强酸所破坏。

（2）维生素 K 的营养生理功能。维生素 K 主要参与凝血活动，可催化肝脏中凝血酶原和凝血活素的合成，凝血酶原通过凝血活素的作用转变为具有活性的凝血酶，将血液可溶性纤维蛋白原转变为不溶性的纤维蛋白，致使血液凝固；维生素 K 还与钙结合蛋白的形成有关，并参与蛋白质和多肽的代谢；维生素 K 还具有利尿、强化肝脏解毒功能及降低血压等作用。

（3）维生素 K 的缺乏。缺乏维生素 K 可能导致凝血时间延长。可发生皮下、肌肉及胃肠道出血。犬、猫商品日粮可以不添加维生素 K，因为可以利用肠道微生物合成；但当患肠道疾病、肝胆疾病、长期服用抗生素或磺胺类药物时，易引起维生素 K 缺乏；犬缺乏和过量均未见报道，但是作为预防，NRC 仍然建议维生素 K 的添加量 1.3 毫克/千克体重。猫日粮中除非鱼成分过多，一般不容易缺乏维生素 K，以鱼为基础的日粮造成凝血时间过长，对猫长期饲喂金枪鱼罐头、鲑鱼日粮时，会出现维生素 K 缺乏症状，出血死亡，因为含鱼日粮会导致肠道微生物合成维生素 K 不足。维生素 K_3 没有生物活性，它被肠道微生物或动物组织烷基化为维生素 K_2 才有生物活性。

此时，可在饲粮中添加适量的维生素 K 或饲喂维生素 K 丰富的食物，如青绿饲料或动物性饲料。维生素 K_1 和维生素 K_2 相对于维生素 A 和维生素 D 来说是无毒的。但大剂量的维生素 K_3 可引起溶血。

（4）维生素 K 的来源。维生素 K 分布于各种植物性饲料中，尤其是青绿饲料中含量丰富，犬猫主要在消化道中经微生物合成维生素 K。

（二）水溶性维生素

水溶性维生素包括 B 族维生素、肌醇、胆碱和维生素 C，化学组成：碳、氢、氧、氮及其他元素。

来源与代谢：无维生素原，本身存在植物中。

分布：普遍分布动物组织中。

吸收：过程简单，在肠道随水分进入血液。

贮存：机体贮存能力有限，随排出的水分离开动物体，须经常补充。

排泄：主要通过尿排出体外。

生理作用：水溶性维生素与能量代谢有关，以辅酶或辅基的形式对营养素的代谢和利用进行调节（胆碱除外），间接发挥促生长作用。缺乏时特异性不强。普遍表现为皮炎、毛发粗糙和生长受阻。过量毒性不大。可在消化道中通过微生物发酵合成，特别是反刍动物。犬猫肠道较短，微生物合成有限，一般需要日粮提供。

共同特点：B 族维生素都是水溶性维生素；几乎都含有氮元素。都是作为细胞酶的辅酶或辅基的成分，参与碳水化合物、脂肪和蛋白质的代谢过程。除维生素 B_2 外，很少或几乎不能在动物体内贮存。B 族维生素的饲料来源基本一致，除了维生 B_{12} 只含在动物性饲料中外，其他 B 族维生素广泛存在各种酵母、干草、青绿饲料、籽实类的种皮和胚芽中。

1. 维生素 B_1（硫胺素）

（1）理化性质。对热稳定，在弱酸性溶液中十分稳定，而在中性和碱性溶液中易被氧化。具有特殊香气，味微苦。

（2）维生素 B_1 营养生理功能。以羧化辅酶的成分参与 α-丙酮酸的氧化脱羧反应而进入糖代谢和三羧酸循环；维持神经组织和心脏的正常功能，维持胃肠功能，影响神经系统能量代谢和脂肪酸的合成。

（3）维生素 B_1 的缺乏。各种动物均可出现食欲减退、消化不良、衰弱、跛行、痉挛、消瘦、肌肉无力等症状。犬多发性神经炎、脚气病等。犬和猫没有口服过量的报道。

（4）维生素 B_1 的饲料来源。啤酒酵母是维生素 B_1 最丰富的来源；谷物籽实、糠麸、油饼类及青绿饲料等中也含有维生素 B_1。

鱼、虾、蟹等生鱼产品中含有硫胺素酶，能分解硫胺素，使之失去生物活性。猫比犬对硫胺素的缺乏更敏感，因为它对日粮中的硫胺素需求是犬的 4 倍，并且，以鱼为基础的日粮，含有活性硫胺素酶，在食品加工前能破坏添加进来的硫胺素，因此商品猫粮常出现硫胺素缺乏，要注意额外添加维生素 B_1。

2. 维生素 B_2（核黄素）

（1）理化性质。核黄素呈橘黄色针状结晶，味苦，耐热，易被光、碱及重金属破坏，而对酸却相当稳定。

（2）维生素 B_2 的营养生理功能。食物中大多数核黄素是以辅酶的形式存在，需要在肠道中先水解再吸收；以磷酸核黄素和黄素腺嘌呤二核苷酸的形式，参与碳水化合物、蛋白质和脂肪的代谢。是机体生物氧化过程中不可缺少的重要物质。维生素 B_2 具有促进生长，还具有维持皮肤和黏膜的完整性及眼的感光等有重要作用。

（3）维生素 B_2 的缺乏症。犬缺乏会出现食欲下降、生长受阻、呕吐、被毛粗糙、眼球混浊、白内障、眼结膜炎、视力损伤等症状，常因衰弱不能正常站立。猫缺乏出现食欲减退、体重减轻、耳部周围脱毛、表皮萎缩、白内障、脂肪肝和睾丸萎缩等症状。犬猫未见过量报道。

（4）维生素 B_2 的饲料来源。维生素 B_2 在机体内合成量很少，也不能贮存，只能由植物、酵母、真菌等其他微生物合成。啤酒酵母是维生素 B_2 最丰富的来源，在动物肝脏、酵母、瘦肉、蛋、奶类、乳清粉中含量较为丰富。谷物籽实、糠麸、油饼类及青绿饲料中也含有维生素 B_2。

3. 泛酸

泛酸广泛存在于动、植物体内，是辅酶 A 和酰基载体蛋白的一种组成成分，由动物体通过一系列步骤合成。辅酶 A 在能量代谢的糖酵解、脂肪酸的 β 氧化和三羧循环的其他氧化反应中起到核心作用。

（1）理化性质。纯泛酸不稳定，易吸湿，在酸、碱、干热中可使之分解为丙氨酸及其他产物，常用以补充泛酸的添加剂为泛酸钙，是无色粉状晶体，微苦，可溶于水，对光和空气均稳定。

（2）泛酸的营养生理功能。作为辅酶 A 的原料，参与碳水化合物、脂肪和蛋白质的代谢；促进脂肪代谢和类固醇的合成；琥珀酸酶的组成部分，参与血红蛋白中血红素的形成，并参与免疫球蛋白的合成。与维持动物皮肤和黏膜的正常功能，保持毛发色泽有密切的关系。

（3）泛酸的缺乏症。各种食物途径通常能够提供充足的泛酸，一般不易缺乏。犬缺乏出现昏迷、采食量不稳定，胃肠炎、呼吸急促、心率加快，皮炎等症状。眼睛周围、嘴、耳、头部、前肢或全身的被毛色素丧失（灰化）。猫缺乏出现生长受阻、组织学变化、脂肪变性等。犬和猫未见过量报道。

（4）泛酸的饲料来源。动物器官（肝、肾）、酵母和鸡蛋卵黄中泛酸含量高，还广泛地存在于各种原料中，如酵母、糠麸、谷实、苜蓿、亚麻籽饼等。加工膨化及煮熟过程会导致泛酸被破坏。

4. 胆碱

胆碱严格意义上来讲不是真正的维生素，因为许多动物在肝脏中可以通过乙醇胺的甲基化作用来合成胆碱。传统的做法是把胆碱归在 B 族维生素中。

（1）理化性质。具有明显的碱性，胆碱对热稳定，但在强酸条件下不稳定，吸湿性强，胆碱可在肝脏中合成。

（2）胆碱的营养生理功能。胆碱是磷酸卵磷脂或卵磷脂不可缺少的组成部分。胆碱在机体内的主要作用是作为甲基的供体参与甲基化作用；它是细胞卵磷脂、神经磷脂和某些原生质的成分，同样也是软骨组织磷脂的成分。它是构成和维持细胞的结构，保证软骨基质成熟必不可少的物质；能防止骨短粗病的发生；胆碱参与肝脏脂肪代谢，可促使肝脏脂肪以卵磷脂形式输送或者提高脂肪酸本身在肝脏内的氧化利用，防止脂肪肝的产生；胆碱还是乙酰胆碱的成分，可以穿过血脑屏障，参与脑细胞信息传递，参与神经冲动的传导。

（3）胆碱的缺乏症。缺乏胆碱会影响脂肪正常代谢，易发生肝脏脂肪浸润而形成脂肪肝。犬和猫缺乏都会出现体重减轻、呕吐、采食量下降、肝脏脂肪沉积、死亡等症状，老年犬易发生痴呆症。

（4）胆碱的饲料来源。富含胆碱的原料有肝脏、脑、鱼肉、瘦肉和鸡蛋（尤其是蛋黄）、大豆磷脂和豆类等。

5. 烟酸

烟酸是与烟酰胺生物活性相关的一类维生素的统称，包括烟酰胺、烟酸和一系列吡啶核苷酸结构体。

（1）理化性质。化学结构简单，性质稳定，不易被酸、碱、光、热等所破坏，亦不易被氧化。

（2）烟酸的营养生理功能。烟酸在体内常可转变为烟酰胺，烟酰胺可合成烟酰胺腺嘌呤二核苷酸（NAD+）又名辅酶 I 及烟酰胺腺嘌呤二核苷酸磷酸（NADP+）又名辅酶 II，在体内生物氧化过程中起传递氢的作用。参与碳水化合物、脂肪、蛋白质的代谢，尤其在体内供能反应中起重要作用。辅酶 I 和辅酶 II 也参与视紫红质的合成。还可促进铁吸收和血细胞的生成；维持皮肤正常功能和消化腺分泌。提高中枢神经的兴奋性、扩张末梢血管，降低血清胆固醇等重要的作用。

（3）烟酸的缺乏症与过量。犬厌食、体重下降、上唇内侧红肿、唇部出现朱红色边缘；带血唾液、气味恶臭、血性腹泻、舌炎、黑舌病、肠炎、神经症状。猫出现体重下降、被毛蓬乱、腹泻、口腔炎，舌炎，肠炎。犬超过 350 毫克/千克体重产生毒害，血便、惊厥死亡，成犬可以忍受 1.0 克/千克。猫没有过量报道。

（4）烟酸的食物来源。自然界分布较广，酵母、鱼粉、青绿饲料中含量丰富；谷实、麸皮中含量较多。食物中的色氨酸在犬体内可转化为烟酰胺。猫不具备将色氨酸转化成烟酰胺的功能，必须由日粮供给。

6. 维生素 B_6

维生素 B_6 是对 3-羟基-2-甲基吡啶衍生物的统称，包括吡哆醇、吡哆醛和吡哆胺及其磷酸化形式。

（1）理化性质。维生素 B_6 为无色晶体，易溶于水，在酸性溶液中稳定，而在碱溶液中却易被破坏，极易为光所破坏。

（2）维生素 B_6 的营养生理功能。维生素 B_6 以转氨酶和脱羧酶等多种形式参与氨基酸、蛋白质、脂肪、碳水化合物代谢；促进抗体合成；促进血红蛋白中原卟啉的合成。与氨基酸代谢有密切关系，包括色氨酸代谢，含硫氨基酸的脱羧作用，氨基酮戊酸形成等；参与不饱和脂肪酸代谢，是糖原代谢中磷酸化酶的辅助因素。

（3）维生素 B_6 的缺乏症与过量。犬缺乏会出现抽搐、肌肉痉挛、食欲不佳，消化不良，生长受阻，呕吐，腹泻，小细胞低色素性贫血等症状。猫出现生长减慢，惊厥，肾脏损伤，小细胞低色素性贫血等。NRC（1987）建议，推测犬日粮中吡哆醇的安全上限60天内为1000毫克/千克，60天以上为500毫克/千克。过量会出现厌食和共济失调，急性摄入 1 克/千克的吡哆醇时，将导致幼犬协调损害和强直性痉挛。猫日粮中安全上限还没有确定。

（4）维生素 B_6 的食物来源。在自然界广泛存在，酵母、肝脏、鸡肉、乳清、谷物及其副产品和蔬菜都是维生素 B_6 的丰富来源，肌肉是维生素 B_6 的主要储存器官。由于来源广而丰富，所以通常不易产生明显的缺乏症。日粮中蛋白质水平的升高，色氨酸、蛋氨酸或其他氨基酸过多也会增加维生素 B_6 的需要。

7. 生物素

生物素是某些微生物的生长因子，是尿素和噻吩相结合的骈环，并带有戊酸侧链，有多种异构体，只有 D-生物素有活性。生物素与酶结合参与体内二氧化碳的固定和羧化过程，与体内的重要代谢过程如丙酮酸羧化而转变成为草酰乙酸，乙酰辅酶 A 羧化成为丙二酰辅酶 A 等糖及脂肪代谢中的主要生化反应有关。

（1）理化性质。合成的生物素是白色针状结晶，常规条件下稳定，酸败的脂肪和胆碱使其失去活性。

（2）营养生理功能。生物素在体内主要是以辅酶的形式参与碳水化合物、脂肪和蛋白质的代谢；作为必需的辅助因子参与哺乳动物的 4 种羧化酶反应，催化作为羧基集团的重碳酸盐与底物的结合。参与氨基酸和脂肪的合成，参与氨基酸的脱氨作用。生物素是体内许多羧化酶的辅酶，例如，丙酮酸转变为草酰乙酸，乙酰辅酶 A 转变为丙二酸单酰辅酶 A，丙酰辅酶 A 转变为甲基丙二酸单酰辅酶 A 等反应都需生物素作辅酶。生物素与溶菌酶活化和皮脂腺功能有关。

（3）缺乏症。广泛存在于动植物原料中，所以一般情况下不会缺乏生物素。但在下列情况下可导致生物素的缺乏：饲料加工和贮存过程中生物素的破坏；肠道和呼吸道感染及服用抗生素药品（磺胺类）；饲喂生物素低的日粮；日粮中不饱和脂肪酸的增加等。犬未见缺乏报道，只有皮屑过多和尿中生物素浓度显著降低症状；猫流涎、鼻音、流泪、脱毛、毛发褪色、皮炎、体重减轻等。生鸡蛋清中有一种抗生物素的蛋白质能与生物素结合，结合后的生物素不能由消化道吸收，造成动物体生物素缺乏，给犬猫饲喂生鸡蛋蛋白（蛋清）时，容易造成生物素缺乏。生物素很容易随尿液排泄，因此未见过量报道。

（4）生物素的来源。生物素广泛分布于食物中，但是相比于其他水溶性维生素含量较低；食物中的大部分生物素与蛋白质共价结合，在消化道内，胰液中的生物素酶可以释放生物素；犬猫肠道微生物可以合成生物素。

8. 叶酸

叶酸广泛存在于植物界，尤其是绿叶中含量丰富；作为辅酶，在许多反应中作为一碳单位的供体和受体，这些反应包括氨基酸和核苷酸的代谢。

（1）理化性质。黄色结晶粉末，无臭无味，在碱性和中性条件下稳定，在水溶液中易被光破坏，对热不稳定。

（2）营养生理功能。促进血细胞的形成，抗贫血，与维生素 B_{12} 有协同作用，可以加氢变成四氢叶酸，是体内一碳基团转移酶系统的辅酶，作为一碳基团的供体和受体；参与蛋白质和氨基酸代谢、核苷酸代谢和线粒体蛋白质的合成；孕妇和妊娠期补充叶酸降低神经管缺陷发病率。试验表明，添加叶酸会降低波士顿梗幼犬的唇裂发病率。

（3）缺乏症。对叶酸的需要一般为 0.2~1 毫克/千克饲粮。一般情况下不会缺乏叶酸。但长期使用抗生素或磺胺类药物的犬可能会缺乏。缺乏时，犬出现食欲减退，消化不良，生长减缓；猫出现血浆铁浓度增高，巨幼细胞性贫血，白细胞减少，还表现生长缓慢，皮炎，繁殖机能和饲料利用率下降。

（4）叶酸的来源。叶酸广泛存在于动植物原料中，尤其是绿色植物、肉类、谷物、大豆及肝脏中含量丰富，犬猫肠道细菌可以合成叶酸。

9. 维生素 B_{12}（钴胺素）

（1）理化性质。是目前唯一的含有金属元素的维生素，也是仅由一些确定微生物合成的维生素；日光、氧化剂、还原剂、强酸均可破坏钴胺素，在弱酸中稳定；犬猫肠道内微生物能够合成，不需要饲料中添加。

（2）钴胺素的营养生理功能。有多种活性形式，在体内主要以二脱氧腺苷钴胺素和甲钴胺素两种辅酶的形式参与多种代谢活动。如嘌呤和嘧啶的合成、甲基的转移、氨基酸合成蛋白质以及碳水化合物和脂肪的代谢，其中最重要的是参与核酸和蛋白质的合成。参与丙酸的代谢，维持造血机构的正常运转，加速红细胞的生成，保持神经系统的正常功能。回肠是哺乳动物吸收钴胺素的主要部位。

（3）钴胺素的缺乏症和过量。与缺乏密切相关的两个重要功能是维持神经系统的完整和促进红细胞的合成，犬食欲不振，被毛粗糙，皮炎，肌肉松软，后肢运动失调，肠道细菌异常生长；猫先天性缺陷、厌食、生长受阻、小肠细菌过度生长、厌食。巨型雪纳瑞犬易发生钴胺素选择性小肠吸收不良，是一种常见的常染色体隐性遗传病。没有犬和猫过量的报道。

（4）日粮中的钴胺素来源主要是动物产品，植物产品缺乏；商业上生产的钴胺素来源于发酵。

10. 维生素 C（抗坏血酸）

（1）理化性质。无色晶体，呈酸性；在弱酸中稳定，在碱中易被分解、破坏；具有强还原性，极易为氧化剂所破坏。犬猫利用葡萄糖合成维生素 C，通常不需要添加。

（2）维生素 C 的营养生理功能。参与细胞间质胶原蛋白的合成；在机体生物氧化过程中，起传递氢和电子的作用；在体内具有杀灭细菌和病毒，解毒、抗氧化作用，可缓解铅、砷、苯及某些细菌毒素的毒性；阻止体内致癌物质亚硝基胺的形成，预防癌症；保护其他易氧化物质免遭氧化破坏；维生素 C 能使三价铁还原为易吸收的二价铁，促进铁的吸收；可促进叶酸变为具有活性的四氢叶酸，并刺激肾上腺皮质素等多种激素的合成；维生素 C 还能促进抗体的形成和白细胞的噬菌能力，增强机体免疫功能和抗应激能力。

（3）维生素 C 的缺乏症。毛细血管的细胞间质减少，通透性增强而引起皮下、肌肉、肠道黏膜出血；骨质疏松易折，牙龈出血，牙齿松脱，创口溃疡不易愈合，患"坏血症"；犬猫食欲下降，生长阻滞，体重减轻，活动力丧失等。

（4）维生素 C 的来源。在青绿饲料、块根块茎中含量均丰富；加热消毒易大量损失。犬猫能在体内合成一定数量的维生素 C，但是在高温、运动、疾病等应激情况下，需要在犬粮中添加足够的维生素 C。

三、犬猫粮加工过程中维生素的损失

挤压膨化过程中发生维生素的失活，脂溶性维生素 E 的损失达到 70%，其次是维生素 K 60%；挤压宠物食品在贮存过程中损失也很大，脂溶性维生素损失大于 B 族维生素，维生素 A 和维生素 D_3 每月的损失在 8% 和 4%；而 B 族维生素每月损失 2%~4%。

挤压膨化过程中平均损失 10%~15% 的维生素和色素，维生素保留量取决于原料配方、调制和膨化温度、水分、保留时间等，通常采取过量添加补偿，也可以使用稳定形式的维生素 C，如维生素 C 脂等措施尽量减少加工和贮藏过程中维生素的损失（表 1-5-3）。

表 1-5-3　挤压膨化宠物食品中添加的维生素的回收率及在储藏中的损失

活性形式	化学形式	产品形式	加工处理后的回收（%）			储藏损失率（%/月）
			典型	低	高	
视黄醇	视黄醇醋酸盐	交联微胶囊	81	63	90	6
		微胶囊	65	40	80	30
胆钙化醇	胆钙化醇	喷雾干燥微胶囊	85	75	90	4
维生素 E	all-rac-α-生育酚醋酸盐	吸附物	45	30	85	1
		喷雾干燥微胶囊	45	30	85	1
	RRR-α-生育酚	油	40	10	60	10
维生素 K	亚硫酸氢钠甲萘醌混合物	晶状粉末	45	20	65	17
	甲萘醌烟酰胺亚硫酸盐	晶状粉末	56	40	75	11
	二甲基嘧啶醇亚硫酸甲萘醌	晶状粉末	50	30	70	12
硫胺素	硫胺素单硝酸酯	晶状粉末	90	30	95	4
	氢氧化硫胺素	晶状粉末	80	50	85	4
核黄素	核黄素	喷雾干燥微胶囊	82	70	90	3
吡哆醇	氢氧化吡哆醇	晶状粉末	75	70	90	3
D-泛酸	D-泛酸钙	晶状粉末	85	75	95	2
烟酸	烟酸	晶状粉末	80	64	90	2
生物素	生物素	喷雾干燥微胶囊	88	60	95	2
叶酸	叶酸	喷雾干燥微胶囊	90	65	95	<1
抗坏血酸	抗坏血酸-2-聚磷酸酯	喷雾干燥微胶囊	96	85	100	<1
	抗坏血酸	晶状粉末	40	0	60	37

（续表）

活性形式	化学形式	产品形式	加工处理后的回收率（%）			储藏损失率（%/月）
			典型	低	高	
叶黄素	叶黄素	喷雾干燥微胶囊	72	50	80	2
番茄红素	番茄红素	喷雾干燥微胶囊	64	40	75	2
β-胡萝卜素	β-胡萝卜素	微胶囊	34	20	50	2

资料来源：J. W. Wilson, Roche Vitamins Inc. 提供资料

第二节　矿物质元素营养

矿物质是营养中的一大类无机营养素，尽管占体重比例很小，但在机体生命活动中起着十分重要的调节作用，缺乏时宠物生长受阻，甚至死亡，过量时会影响宠物健康，严重时会发生中毒、疾病或死亡。动物体内矿物元素含量约有 4%，其中 5/6 存在于骨骼和牙齿中，其余 1/6 分布于身体的各个部位。

一、必需矿物元素

指宠物所必需，在体内具有确切的生理功能和代谢作用。日粮供给不足或缺乏可引起生理功能和结构异常，并导致缺乏症的发生，补给相应的元素，缺乏症即可消失的元素。动物体组织中含有的 45 种不同数量和浓度的化学元素，其中有 27 种被证明是动物必需的，据含量分为两类（表 1-5-4，图 1-5-2）。

常量矿物元素（>0.01%活重）：钙、磷、钾、钠、氯、镁、硫共 7 种。

微量矿物元素（<0.01%活重）：铁、铜、锰、锌、硒、碘、钴、氟、钼、铬、镉、硅、矾、镍、砷、铅、锂、硼、溴 20 种。生产中常用的为前六种矿物元素。

表 1-5-4　主要微量元素和在体内的含量

主要元素	克/千克	微量元素	毫克/千克
Calcium 钙	15	Iron 铁	20~80
Phosphorus 磷	10	Zinc 锌	10~50
Potassium 钾	2	Copper 铜	1~5
Sodium 钠	1.6	Molybdenum 钼	1~4
Chlorine 氯	1.1	Selenium 硒	1~2
Sulfur 硫	1.5	Iodine 碘	0.3~0.6
Magnesium 镁	0.4	Manganese 锰	0.2~0.5
		Cobalt 钴	0.02~0.01

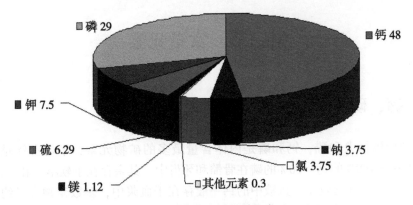

图1-5-2 动物体内矿物质构成（%）

证明矿物元素的必需性是通过动物试验，用一种纯合日粮添加或去除某元素后，观察动物的反应。一般认为具备下列6个条件的被认为是必需元素。

（1）在动物体内各个组织中均存在。

（2）每个动物体内存在的浓度大致相同。

（3）若从体内撤去该元素，各类动物均产生生理上或结构上的异常症状，而且这种症状可以多次重复再现。

（4）再添加这种元素后即可消除撤去后的发生的异常症状。

（5）与体内一定的生物化学变化和缺乏症状相关。

（6）有措施防止缺乏或治疗，防止缺乏或治疗后上述生物化学异常现象不再发生。

二、矿物元素的基本营养功能

矿物元素虽然不是机体能量的来源，但它是体组织器官的组成成分，并在物质代谢中起着重要的调节作用。钙、镁、磷是骨和牙齿的主要成分，磷和硫是组成体蛋白的重要成分，有些矿物元素存在于毛、肌肉、体液及组织器官中；镁、氟、硅也参与骨、牙的构成；少部分钙、磷、镁及大部分钠、钾、氯以电解质形式存在于体液和软组织中，维持渗透压、酸碱平衡、膜通透性，维持神经和肌肉兴奋性等；某些微量元素参与酶和一些生物活性物质的构成。

三、矿物元素的营养特点及吸收和代谢

矿物元素具有营养作用与毒性作用。缺乏到一定低限后，出现临床症状或亚临床症状；其低限为最低需要量，高限为最大耐受量；超过最大耐受量出现中毒症状。

矿物元素在体内以离子形式吸收，主要吸收部位是小肠和前段大肠，矿物元素排出方式随宠物种类和日粮组成而异，宠物通过粪尿排出钙和磷。宠物产奶也是排泄矿物元素主要途径。

第三节 常量元素

一、钙、磷

哺乳动物包括犬和猫，钙和磷是内体含量最多的矿物元素，平均占体重的 1%~2%，其中 98%~99% 的钙、80% 的磷在骨骼和牙齿中，其余存在于软组织和体液中。血液中的钙、磷含量变动较小，血液中的钙一般存在于血浆中，多数宠物含量约为 9~12 毫克/100 毫升，血液中磷含量约为 35~45 毫克/100 毫升，主要以磷酸根的形式存在于血细胞中，血浆中磷含量较少。

1. 吸收与代谢

（1）吸收始于胃。主要部位在小肠，钙的吸收需要维生素 D_3 和钙结合蛋白的参与，形成复合物后经扩散吸收。犬对钙的利用率随年龄的增长和钙浓度的增加而降低，幼年或者青年犬钙的表观吸收率为 90%，成年犬的表观吸收率为 30%~60%，可能高于标准日粮的预期；钙结合蛋白 CaBP 位于肠细胞刷状缘上，参与吸收和转运钙，CaBP 水平与日粮中钙、磷含量呈正相关。钙的排泄途径主要是粪。尽管提高脂肪含量会降低钙的吸收，但研究发现 6 月龄的比格犬，日粮脂肪含量 33% 和 11% 对钙吸收无影响。

磷吸收以离子态为主，也可能易化扩散，大多数磷是在小肠后段被吸收的。其吸收的形式虽然有少量磷脂，但以无机磷酸根为主。小肠细胞的刷状缘上的碱性磷酸酶能解离一些有机化合物结合的磷，如磷糖、磷酸化氨基酸及核苷。根据磷的来源不同，磷的表观消化率为 30%~70%，钙磷比超过 2∶1 或者日粮中有很多植酸磷，磷的吸收率就会下降。磷主要是通过尿排出体外。

（2）影响钙、磷吸收的因素。肠道中镁、铁、铝及维生素 D 等物质的水平影响钙、磷吸收，镁、铁、铝可与磷形成不溶解的磷酸盐降低磷的吸收率。

①酸性环境。宠物对钙的吸收是由胃开始的。食物中的钙可与胃液中盐酸化合成氯化钙，极易溶解，所以可被胃壁吸收。小肠中的磷酸钙、碳酸钙等的溶解度受肠道 pH 值影响很大，在碱性、中性溶液中其溶解度很低，难于吸收。小肠前端为弱酸性环境，是食物中钙和无机磷吸收的主要场所。小肠后端偏碱性，不利于吸收。因此，增强小肠酸性的因素有利于钙磷吸收。

②日粮中可利用的钙磷比例是否适当。犬的钙、磷比例在（1.2~1.4）∶1 范围内吸收率高。若钙磷比例失调，小肠内又偏碱性条件下，钙过多时，将与食物中的磷更多的结合成磷酸钙沉淀；如果磷过多，同样也与更多的钙结合成磷酸钙沉淀；实践证明，如果食物中的钙磷数量供应充足，但钙磷比例失调，同样会导致腿病。

③维生素 D。维生素 D 对钙磷代谢的调节作用，是通过在肝脏、肾脏羟化后的产物 1，25-二氢维生素 D_3 起作用的，1，25-二氢维生素 D_3 具有增强小肠酸性、调节钙磷比例、促进钙磷吸收与沉积的作用。

④过多的脂肪、草酸、植酸。日粮中脂肪过多，易与钙结合成钙皂，由粪便排出，影响钙的吸收；草酸过多，易与钙结合成草酸钙沉积，不能吸收；植酸过多，易与钙结合成植酸钙，也影响钙的吸收。而饲料中的乳糖能增加吸收细胞通透性，促进钙吸收；犬像其它单胃动物一样，体内植酸磷比无机磷的生物利用率要低，表观吸收率变化范围为 30%~70%。

（3）代谢。钙、磷代谢处于动态平衡中，钙的周转代谢量为吸收量的 4~5 倍，是沉积量的 8 倍。通过粪和尿排出体外，粪排出量占 80%，尿占 20%。

2. 营养作用

钙构成骨与牙齿，维持神经和肌肉正常功能，血钙含量低时，神经和肌肉兴奋性增强，引起抽搐；钙是多种酶的激活剂和抑制剂。维持膜的完整性，调节激素分泌。

机体中约 80% 的磷构成骨与牙齿；磷以磷酸根的形式参与糖的氧化和酵解，以及脂肪酸的氧化和蛋白质的分解等多种物质代谢；在能量代谢中，磷作为 ADP 和 ATP 的成分，在能量储存与传递过程中起着重要的作用。磷还是 DNA、RNA 和辅酶的成分，与蛋白质的生物合成及宠物的遗传有关，磷参与维持细胞膜的完整性。

3. 缺乏症与过量

（1）典型缺乏症。骨骼病变，幼龄动物为佝偻病，成年动物为骨软病或骨质疏松症。磷缺乏时，出现异嗜癖，喜欢啃食泥土、石头等，甚至自己的粪便；钙磷缺乏时，血检查可见血清钙、磷水平低，碱性磷酸酶活性升高，骨骼灰分及其中钙、磷浓度降低。猫缺乏钙磷会导致骨骼变脆及骨折（表 1-5-5）。多年的临床研究表明，当犬饲喂以肉为主的商品犬粮或自制犬粮时，钙缺乏导致营养性继发甲状旁腺机能亢进（NSHP），引起明显的骨骼异常。研究表明，饲喂低磷日粮成年猫导致磷缺乏，表现为溶血性贫血，运动系统障碍和代谢酸中毒。

表 1-5-5　几种典型缺乏症的比较

	佝偻病	骨软化症状	骨疏松症状	产乳热
阶段	幼年	成年	成年	PTH，CT 分泌不足，不能站立
原因	Ca 正常、P 低 Ca 低、P 低	Ca，P，维生素 D_3 低或不平衡	骨中元素沉积量低	
表现	骨畸形，长骨末端肿大	骨成蜂窝状，易骨折	强度降低，骨变形	不能站立

（PTH 甲状旁腺激素；CT 降钙素）

（2）过量。宠物对钙磷有一定的耐受性，随着日粮中钙的增加，钙的表观消化率下降，骨密上升。犬过量会造成骨骼异常，软骨病；过量的钙会降低脂肪的消化率；钙、磷过高会干扰其他元素例如镁的代谢。猫高钙日粮，钙的表观利用率下降，骨骼矿物质密度增加。过量的磷会使血钙降低，易造成跛行或者长骨骨折。

4. 来源

钙、磷的来源有肉骨粉、骨粉（钙 31%，磷 14%）、磷酸氢钙（钙 23.2%，磷 18.6%）、磷酸钙、碳酸钙、鱼粉、石粉等。植物原料中钙少磷多，有一半左右的磷为植酸磷，饲料总磷利用率一般较低，为 20%～60%。

二、镁

1. 含量与分布

镁是体内含量第二高的阳离子，仅次于钾。参与超过 300 个代谢过程。作为酶促功能中的一个辅助因子，它对氧化磷酸化和三磷酸腺苷酸合成酶活性，DNA、RNA 代谢和蛋白质合成来说是必需的。体内含镁 0.05%，50%～60% 在骨中，镁占骨灰分的 0.5%～1.0%，体内镁总量的 30%～40% 存在于软组织中。细胞外液镁含量很低，约占体内总镁的 1%。

2. 吸收与代谢

镁以扩散吸收的形式在小肠吸收。果寡糖使镁的吸收率从 14% 上升到 23%。降低回肠 pH 值，镁的可溶性增加，磷的含量与镁的生物学利用率呈负相关。

代谢随年龄和器官而异，幼龄动物贮存和动用镁的能力较成年动物高，骨镁可动员 80% 参与周转代谢。幼猫镁的表观吸收率平均为 60%～80%，而成年猫降至 20%～40%。

3. 营养作用

约有 70% 的镁构成骨骼与牙齿；参与酶系统的组成与作用；参与遗传物质 DNA、RNA 和蛋白质的代谢；调节神经和肌肉兴奋性；维持心肌正常功能和结构。商品犬粮镁浓度为 0.8～1.7 克/千克日粮（0.08%～0.17%）。

4. 缺乏与过量

（1）缺乏导致幼犬猫厌食、体重减轻、腕关节伸展过度、肌肉抽搐、后腿瘫痪、运动失调，胸主动脉矿化、磷含量增加，降低镁利用率，脂肪增加没有影响镁吸收，成年猫钙和磷含量过高时，降低镁的吸收；成年猫镁的吸收率低于青年猫。

（2）镁过量无相关数据。犬粮中镁的浓度 0.8～1.7 克/千克，预测为不超过 0.17%。猫过量与猫的鸟粪石尿结石有明显关联，猫粮中镁含量超过 0.1%，会增加尿结石的可能性，但是通过调节 pH 值为 6.1～6.6 可以缓解症状。

5. 镁的来源

常用饲料含镁丰富，不易缺乏。糠麸、饼粕和青饲料含镁丰富，块根和谷实含镁多；缺镁时，用硫酸镁、氯化镁、碳酸镁补饲。国外研究表明，补镁有利于防止过敏反应和集约化饲养时咬尾巴的现象。

三、钠、钾、氯

1. 含量与分布

这三种元素又称为电解质元素，无脂体干物质含钠 0.15%，钾 0.30%，氯 0.1%～0.15%，钾主要存在于肌肉和神经细胞内，是细胞内主要阳离子，钠、氯主要存在于体液中。氯离子是哺乳动物细胞外液最多的阴离子。体内约 90% 的钾存在于细胞内液中，幼猫和成猫体内总钾浓度均为 2.3 克/千克。尽管大部分犬猫粮中钾的浓度可以满足营养需要，但还是会用到一些补充成分，如氯化钾（含钾57%）、碳酸氢钾（含钾39%）等。

2. 吸收与代谢

主要吸收部位是十二指肠，在胃、后段小肠和结肠能部分吸收，吸收形式为简单扩散。犬钠的吸收率达到100%，80%的钠在结肠吸收。纤维含量高时，钠吸收率下降。与钠不同，钾在小肠的吸收率非常高。日粮中含有木薯淀粉、马铃薯淀粉或者大米时，会降低钾的吸收率。日粮中纤维素增加时，也会降低钾的吸收率。大部分钾随尿排出，其他途径包括粪、汗腺。钠、钾、氯周转代谢强，内源部分为采食部分的数倍。

3. 营养作用

钠：钠和氯的主要作用是维持细胞外液渗透压和调节酸碱平衡，并参与水代谢。还能刺激唾液的分泌及活化消化酶。

氯：在细胞内外都有，氯元素在血液中占酸离子的2/3，在维持酸平衡上有重要作用。氯又是合成胃液盐酸的原料，盐酸能激活胃蛋白酶，并能保持胃液呈酸性，起到杀菌作用。

钾：在维持细胞内液渗透压的稳定和调节酸碱平衡上起着重要作用。与肌肉收缩有密切关系。参与蛋白质和糖的代谢，并促进神经和肌肉兴奋。

4. 缺乏与过量

（1）缺乏。宠物体内不能存储钠，钠易缺乏，其次是氯，钾不易缺乏。缺乏时出现食欲不振、疲劳无力、饮水减少、皮肤干燥、被毛脱落、异嗜癖等。长期缺乏出现神经肌肉（心肌）病变。犬钠缺乏出现心率增加，不安心，猫钠缺乏出现厌食、生长障碍、多尿症等。长期给利尿药，容易产生钾缺乏，钾缺乏出现心脏暂停，不安宁，神经症状。氯缺乏幼犬出现胃酸过少，血钾过少，代谢碱中毒，无过量研究。氯的浓度不超过2.35%。氯不足导致钠的吸收下降，继发性钾缺乏；犬和猫日粮中应该至少含有0.6%的钾，缺乏的原因一般是过量流失，而不是日粮供给不够，长期慢性腹泻，呕吐发烧或者肾脏疾病，容易流失钾。

（2）过量。钠过量犬有一定的适应性，2%的钠含量，造成血钾浓度降低，给以足够的水时，犬能适应钠摄入的变化；当钠含量达到2.9%时候，适口性差，引起犬呕吐；当日粮中钠含量超过2%时，会使钾排泄量增加并导致负钾平衡。合理的浓度为日粮干物质的0.3%~0.9%，上限为日粮干物质的1.5%。没有猫钠过量的数据，幼猫钠含量不超过1.0%，成猫不超过1.5%；过量一般有耐受力。食盐中毒时会出现腹泻，口渴，产生类似脑膜炎的神经症状。钾过量，主要影响心脏，引起心室纤维性颤动和心肌梗死；干扰镁的吸收和代谢，出现低镁性痉挛，爱迪生病或者肾上腺皮脂功能减退；缺乏肾上腺素来调节血钾浓度。

5. 来源

食物原料中钠、氯少，以食盐补充，饼粕类含钾高，玉米酒糟、甜菜渣含钾少。肉制品和乳制品含量较高，达到3克/千克。植物性原料，尤其是细嫩植物中含钾丰富。

四、硫

硫分布于机体各个细胞，主要以有机形式存在于蛋氨酸、胱氨酸和半胱氨酸等含硫氨基酸中，维生素中的硫胺素和生物素都含硫。所有体蛋白质中都有含硫氨基酸。

营养作用：是蛋白质化学组成中的重要元素；参与被毛、羽毛等角蛋白的合成；参与碳水化合物代谢；参与胶原蛋白和结缔组织的代谢。

缺乏症：表现为消瘦，爪、毛生长缓慢。

过量：自然条件下少见，用无机硫作添加剂，用量超过 0.3%~0.5% 时，可能会产生厌食、失重、便秘、腹泻等症状，严重可导致死亡。

第四节　微量元素

一、铁

1. 含量及分布

幼犬和成犬体内含铁分别为 76 毫克/千克体重和 100 毫克/千克体重，新生猫和成年猫体内铁含量为 50~60 毫克/千克体重；其中 67% 的铁存在于血色素中，27% 巨噬细胞中，4% 在肌细胞素中，其余存在于不同的酶中。不足 1% 为铁转运化合物。犬猫需要不断地提供铁，因为血红细胞只能存活 110 天，然后需要新的细胞补充。

2. 吸收与代谢

铁元素主要有 2 个来源，无机铁和有机铁，主要以亚铁血红素的形式存在，铁的表观吸收率为 30%，日粮中铁的表观吸收率变化从 10% 到 100%，取决于铁的存在形式，铁的状态和饲粮铁浓度等。日粮中钙降低铁的吸收率，纤维也可以降低铁的表观吸收率；亚铁的利用率比三价铁高。

3. 营养作用

铁的主要作用是在血色素和肌细胞素的合成过程中充当氧气的运输者和载体。也在能量代谢重要的酶系统中发挥作用。

（1）铁参与的血红蛋白是体内运载氧和二氧化碳的主要载体，也参与肌红蛋白、转运铁蛋白、结合球蛋白和血红素结合蛋白等载体的组成。

（2）参与物质代谢调节，二价铁或三价铁是酶的活化因子，TCA 中有 1/2 以上的酶和因子含铁或与铁有关。

（3）生理防卫机能，铁与机体免疫有关，乳铁蛋白可以和肠道中的游离铁离子结合复合物，可被乳酸菌利用，防止被大肠杆菌利用。

4. 缺乏与过量

（1）缺乏。一般不会缺铁，典型缺乏症为贫血，表现为食欲不良，虚弱，皮肤和黏膜苍白，皮毛粗糙无光泽，生长慢。血液检查，血红蛋白低于正常，易发于幼犬幼猫，血色素浓度不达标。铁的摄入量低于1毫克/千克体重/天时，会产生缺乏症。

（2）过量。铁大多以蛋白结合的形式在体内存在，过量摄入铁会造成游离铁的增加，产生毒性，导致犬胃肠轻微损伤，直接给肠道投递铁的剂量达到600毫克/千克体重时，引起犬死亡。关于在犬、猫饲粮中过量饲喂铁的中毒数据还没有报道。

5. 来源

青草、干草及糠麸、动物性饲料（奶除外）肉粉、血粉、肉骨粉、谷类食品、七水硫酸亚铁均含铁，铁的氧化物和碳酸盐利用率差。

二、锌

1. 含量及分布

动物体平均含锌10~30毫克/千克体重，其中50%~60%在骨骼肌中，骨骼中占30%，其余广泛分布于身体各部位，眼角膜最高，其次是毛、骨、雄性生殖器官、心脏和肾脏等。

2. 营养作用

（1）参与体内酶组成。体内有200多种酶含锌，这些酶主要参与蛋白质代谢和细胞分裂。

（2）维持上皮组织和被毛健康，其生化基础与锌参与胱氨酸和粘多糖代谢有关。

（3）维持激素的正常功能并与精子形成有关，锌与胰岛素或胰岛素原形成可溶性聚合物有利于胰岛素发挥生理作用。

（4）维持生物膜正常结构与功能。

（5）与免疫功能有关，在蛋白质和核酸的生物合成中起到重要作用。

3. 缺乏与过量

（1）缺乏。典型缺乏症是皮肤不完全角质化症，幼犬足垫，皮肤出现红斑，被毛发育不良，上履皮屑，皮肤皱褶粗糙，结痂，伤口难愈合，同时生长不良，骨骼发育异常，睾丸受损，繁殖成绩下降。阿拉斯加雪橇犬，由于遗传缺陷影响锌的吸收，终生都要在日粮中补充。

（2）过量。宠物对锌有效强耐受力，相对无毒。

4. 来源

动物性饲料含量丰富，牛肉产品和其他鲜肉，豆类含锌丰富，饲料中添加的含锌化合物有硫酸锌、碳酸锌、氧化锌等。

三、铜

1. 含量与分布

幼猫和成猫体内平均含铜2~3毫克/千克体重，幼犬和成犬体内铜含量为3.8毫克/千克体重和7.3毫克/千克体重，主要存在于肝、大脑、肾、心、被毛。肝是主要的贮铜器官，大多数铜在肝脏与金属硫蛋白结合，肝铜含量比血铜含量作为铜状况指标更可靠。

2. 吸收

吸收在胃和小肠，贮存在肝脏、肾脏和大脑；一些化学物质影响铜的吸收，包括维生素C、钙、锌、铁、硫以及重金属镉、银和铅等；过高的饲料锌或铁的浓度会影响铜的吸收，锌是铜的强效抑制剂，妊娠和哺乳犬铜的生物学利用率约为30%。

3. 营养作用

（1）铜是促进氧化反应酶的组成部分，参与体内代谢，维持组织的韧性和弹性。

（2）维持铁的正常代谢，有利于血红蛋白的合成和红细胞成熟，铜是红细胞的成分。

（3）参与骨的形成并促进钙、磷在软骨上的沉积。

（4）铜在维持中枢神经系统功能上起着重要作用，铜可促进垂体释放生长激素，促甲状腺激素、促黄体激素和促肾上腺激素等。

（5）铜能促进被毛中双硫基的形成及双硫基的交叉结合，从而影响被毛生长。

（6）参与血清免疫球蛋白的构成，并参与很多酶的构成，增强机体免疫力。

4. 缺乏与过量

铜的需要量大约在7.3毫克/千克干粮。硫酸铜比氧化铜更容易吸收。过高的锌或铁含量会影响铜的利用。猫缺乏铜会导致体重降低和肝脏铜浓度降低。

犬不容易缺乏铜，主要缺乏症为以下3种。

（1）贫血，补铁不能消除。

（2）骨骼异常，骨畸形，易骨折。

（3）被毛褪色、趾骨末端伸展过度。

铜过量可中毒，尤其是遗传缺陷犬，灵顿梗、西高地白梗和斯凯犬，中毒症状是由于肝铜积聚，胆囊铜分泌缺乏，铜不得不从肝释放入血，从而导致昏睡、黄疸、体重下降，溶血等。患病犬肝脏中铜浓度达到几千微克/克体重，正常犬肝脏铜浓度几百微克/克体重。抗铜治疗采用添加锌，四硫酸钼或者饲喂低铜日粮。犬投喂硫酸铜65毫克/千克体重，4小时呕吐死亡。

5. 来源

牧草、谷实糠麸和饼粕原料含铜较高，直接给补饲五水硫酸铜、氯化铜（犬猫利用率低）。在动物肝脏中铜-赖氨酸的复合物与硫酸铜的生物学利用率相同。

四、锰

1. 含量与分布

宠物体内锰含量较低，总量为0.2~0.5毫克/千克体重，主要集中在肝、骨骼、肾、胰腺及脑垂体。体重4千克重的猫体内含锰2.3毫克。

2. 营养作用

（1）锰参与硫酸软骨素的合成，保证骨骼的发育（半乳糖转移酶和多聚酶），作为金属酶的结构成分，作为一些酶的金属催化剂。

(2) 参与胆固醇合成（丙酮酸羧化酶的成分）。

(3) 参与蛋白质代谢。

(4) 保护细胞膜完整性（过氧化物歧化酶的成分）。

(5) 其他代谢。

3. 缺乏与过量

(1) 缺乏。没有犬猫锰缺乏数据，从其他哺乳动物研究看，缺锰主要影响骨骼发育和繁殖功能。

(2) 过量。没有犬猫过量的数据。

4. 来源

植物饲料特别是牧草、糠麸含锰丰富，动物饲料含锰少，一般情况不需补充，幼年常用硫酸锰补充。

五、硒

1. 含量与分布

体内含硒约 0.05~0.2 毫克/千克，主要集中在肝、肾及肌肉中，含硒总量最高的器官是肌肉，体内硒一般与蛋白质结合存在。饲料中硒的含量决定着动物组织中硒的含量。

2. 营养作用

硒在 1957 年前一直被认为是有毒元素，1957 年 Schwarz 证明硒是必需微量元素。

(1) 作为谷胱甘肽过氧化物酶（GSH-Px）的组成成分，保护细胞膜结构和功能的完整性，每克分子谷胱甘肽过氧化物酶含 4 个原子的硒，该酶是很重要的胞内抗氧化剂，催化已产生的过氧化氢和脂质过氧化物还原成无破坏性的羟基化合物，保护细胞膜。

(2) 维持胰腺结构和功能完整，缺硒时，胰腺萎缩，胰脂酶产量下降，从而影响脂质和维生素 E 的吸收。

(3) 保证肠道脂酶活性，促进乳糜微粒形成，故有促进脂类及脂溶性维生素的消化吸收作用。

3. 缺乏与过量

(1) 缺乏。肝坏死为主，也可出现白肌病、桑葚心、肌肉萎缩、繁殖能力下降、不育、胎衣不下等症状。硒缺乏情况具有明显的地区性。硒缺乏不是犬甲状腺机能减退的主要原因。

(2) 过量。硒过量易中毒，5~10 毫克/千克的摄入量可导致中毒，典型症为碱病和瞎撞病，硒中毒量约为需要量的 20 倍，土壤含硒 0.5 毫克/千克时，植物中含量可能高于 4 毫克/千克，成为潜在的中毒危险。

缓解措施：土壤中加硫酸盐，降低植物对硒的吸收量；饲料加入某些物质（如硫酸盐、过量蛋白质、砷酸盐或有机砷化合物）降低硒吸收率，增加排出量。

4. 来源

饲料含硒量取决于土壤 pH 值，碱性土壤生长的饲料含硒高，易中毒。酸性土壤地区的多发生缺乏症，缺硒时用亚硒酸钠补充。但是日粮中的亚硒酸钠的生物学利用率只有 20%。植物来源的硒比动物来源的硒更容易利用，罐装食品的硒利用率为 30%，挤压膨化宠物干粮为 53%。

六、碘

1. 含量与分布

体内平均含碘 0.2~0.3 毫克/千克，其中 70%~80%存在于甲状腺中，甲状腺素是唯一含无机元素的激素。主要以蛋白质结合的形式存在于甲状腺，其他器官中含量较少。

2. 营养作用

主要是参与甲状腺素的形成。甲状腺素参与体内代谢和维持体内热平衡，对繁殖、生长发育、红细胞生成和血糖等起调控作用。碘较易进入乳中，乳含碘量受日粮碘量的影响很大。

3. 缺乏与过量

（1）缺乏。缺碘时出现甲状腺肿大，生长受阻，侏儒症，繁殖力下降，脱毛，全身性皮毛干燥，稀疏，颈粗。

（2）过量。眼泪过多、流涎、皮毛变干变薄，犬、猫粮中碘过量，会使甲状腺激素降低，骨骼异常。

4. 来源

具明显的地区性。沿海地区植物中含碘量高于内陆地区，各种饲料均含碘一般不易缺乏，但妊娠和泌乳动物可能不足。缺碘用加碘食盐（含碘 0.007%），或添加碘化钾。

七、矿物元素和猫酸碱平衡

野生状态时，猫以肉食为主，动物蛋白含量高，含硫氨基酸高，因此自然界的犬猫内源酸产量（EAP）和尿中酸性物质的净排泄量（NAE）为正，使尿的 pH 值呈酸性（6.0~7.0），商业粮食大量植物性原料加入，以及有机阴离子和矿物阳离子加入，导致相对代谢性碱中毒，产生更多的碱性尿。本身猫尿浓度高，容易产生结石，研究表明，摄入镁浓度过高，引发尿结石，现在研究发现，配制的日粮若能使 NAE 增加，使尿液 pH 值为 6.1~6.6，同时保证饲粮中镁的浓度不过量，就可以有效的控制鸟粪石的形成。

第六章　宠物食品原料与配方

原料质量是保证宠物食品质量的基本前提。宠物食品生产企业一旦自觉或不自觉地接纳了劣质原料，就会大大降低宠物食品品质，影响宠物的生长发育，甚至危害宠物的生命安全，进而客户投诉等各种麻烦会接踵而至。采购原料要严格执行有关质量标准，一旦发现原料有结块、发霉、变质、污染、虫害、掺假等质量问题，应立即停止使用。要保证原料物理性状良好，水分、营养成分含量符合规定，才能使宠物营养师得以科学精确地设计配方，从而生产出质量稳定的优质宠物食品。

第一节　宠物食品原料

宠物食品原料质量标准包含在畜禽饲料原料标准之内，宠物食品生产企业选择原料必须在饲料原料目录中，在保证营养需要的前提下，尽量降低原料成本。宠物食品常用原料包括蛋白质原料、能量原料、矿物质、添加剂和风味剂等。

一、蛋白质原料

包括动物性蛋白、植物性蛋白和其他蛋白原料。

（一）动物性蛋白

宠物食品动物蛋白原料包括鸡肉粉、猪肉粉、鱼粉、肉骨粉（牛肉骨粉、猪肉骨粉、羊肉骨粉），动物副产品、血粉、羽毛粉、昆虫蛋白（蚕蛹粉、黄粉虫）等。动物蛋白原料特点为蛋白质含量高，一般为40%~85%，品质好，氨基酸组成较为平衡，并且含有促进动物生长因子；碳水化合物含量低，一般不含有粗纤维；粗灰分含量高，钙、磷含量高，比例合理，利用率高；维生素含量丰富。缺点为脂肪含量高，容易氧化酸败，不宜长期保存；掺假严重（羽毛粉，皮革粉等）；另外，水解猪毛粉、制革下脚料、羽毛粉、蚕蛹等，含蛋白质也较高，但是因为适口性差，一般在犬猫食品中应限制使用量。为了解决蛋白质饲料的不足，要进一步对动物性下脚料资源进行开发利用。

1. 肉骨粉

肉骨粉和肉粉是以动物屠宰加工副产品（碎肉、皮及皮下脂肪、肌腱、器官等）或畜禽尸体经高温、高压、脱脂干燥和粉碎加工后形成的产品。肉粉与肉骨粉并无严格的区别，一般地将含磷量高于4.4%的称为肉骨粉，含磷量低于4.4%的称为肉粉。肉骨粉一般含有粗骨粒，感官要求为黄色、淡黄色或深褐色油性粉状物，含脂肪高时颜色较深，加热处理时颜色也会加深。具有新鲜肉类的固有气味，无腐败酸败。肉骨粉、肉粉原料很容易感染沙门氏菌，在加工处理过程中，要进行严格消毒。加工过程中热处理过度会使部分蛋白质变性，贮存不当会导致脂肪变质腐败，都会影响宠物食品适口性和产品品质。原料应来源于同一动物种类，除不可避免的混杂，不得掺入蹄、角、畜毛、羽毛、皮革及消化道内容物。不得使用感染疫病的动物废弃组织加工饲料用肉粉及肉骨粉。一般钙含量不超过磷含量的2.2倍，胃蛋白酶消化率不低于85%。产品名称应标明具体动物种类，如鸡肉粉、猪肉粉等。肉骨粉因原料来源、鲜度、加工工艺掺杂及储存等诸多因素影响，质量变异较大。如果原料中没有骨骼组织，则肉骨粉实际上就是肉粉。粗蛋白含量一般在40%~70%。肉骨粉中粗脂肪含量要小于12%，粗纤维含量小于3%，水分含量10%以内，总磷含量3.5%，钙含量为总磷含量的1.8~2.2倍。肉骨粉中胱氨酸含量在0.5%左右，不得高于1%。

（1）掺假。肉骨粉检测中经常出现胱氨酸超标的情况，主要原因就是生产商或销售商在肉骨粉中添加了羽毛粉等。如果在肉骨粉中添加了皮革粉，甘氨酸含量会明显提高。可以通过显微镜观察到蓝色块状物，加盐后蓝色块状物变红，可证实有皮革粉存在。可以根据氨基酸含量的分析与显微镜镜检结果，鉴定肉骨粉原料中是否有掺杂其他成分。

（2）质量要求。肉骨粉是一种高蛋白饲料，各种细菌包括人畜共患的细菌容易生长繁殖。因为在畜禽养殖过程中，若没有按规定使用违禁药物或某些重金属导致积累而超标，肉骨粉原料安全性问题引起了更多人的关注。肉骨粉的新鲜度是安全性评价的一项重要内容。新鲜度主要依据酸价、挥发性盐基氮等评定指标。应定期对肉骨粉进行酸价、过氧化值及细菌、霉菌总数的测定。肉骨粉与肉粉含脂肪较高，易变质，使用时必须重点嗅其是否有腐臭味等异味（表1-6-1）。

表1-6-1 肉骨粉质量标准

项目		一级	二级	三级
感官要求	色泽	褐色或灰褐色	灰褐色或浅褐色	灰色或浅棕色
	状态	粉状	粉状	粉状
	气味	固有气味	无异味	无异味
理化指标（%）	粗蛋白	≥26	≥23	≥20
	水分	≤9	≤10	≤12
	粗脂肪	≤8	≤10	≤12
	钙	≥14	≥12	≥10
	磷	≥8	≥5	≥3

2. 鸡肉粉

鸡肉粉是肉粉的一种，多为肉鸡屠宰后，人类不宜食用的副产品或下脚料以及肉品加工厂等的残余碎肉、皮、内脏、杂骨等为原料，经高温蒸煮消毒、压榨脱脂、干燥粉碎制成的粉末状饲料。我国还没有宠物用鸡肉粉的国家标准。

鸡肉粉生产工艺主要为以下步骤。

原料破碎→高温蒸煮→挤压→冷却→粉碎筛分→包装→入库

（1）鸡肉粉质量控制要点。

①原料来源的控制。

a. 确定合格供应商，建立合格供应商名录及供应商考核评估制度，并每年对其进行考评。

b. 供应商应当具有合法资质，具有完备的资质文件。

c. 原料按分类等级购进，一般为冰鲜品。生产日期控制在最近一周以内，实行批量管理。主要原料品种有鸡碎肉、鸡皮、鸡骨架。

d. 原料进厂后需进入冷藏库保存。实行先进先出原则，保障生产线供应。

e. 建立原料进厂检验制度，所有购进原料经检验合格后方可入库。检验项目包括：产品新鲜度、外观有无污染状况、查验每批次原料检验检疫证明手续是否齐全。

②生产过程控制。

a. 原料破碎工艺确认原料是保持冰鲜状态、无解冻、无腐败，破碎过程中使原料控制在合理破碎状。

b. 高温蒸煮工艺保证蒸煮灌内压力在 0.25 兆帕，蒸煮时间为 2 小时。

c. 挤压脱脂工艺合理调节控制榨螺松紧度，保证挤压后的产品脂肪含量控制在12%以内。

d. 冷却工艺采用密闭逆流冷却器对物料进行冷却，使物料温度将至室温。

e. 粉碎筛分工艺粉碎机使用直径 4 毫米以下筛网粉碎。分级筛使用 3 毫米以下筛网进行筛分。

f. 全生产过程实行连续不落地流水化生产工艺，杜绝人员接触物料，避免人为原因导致的微生物污染。

③原料及成品的保存。原料与成品应当分别存放，做好标识，避免混杂及交叉污染。禁止露天放置原料。仓储车间要求阴凉、通风、干燥、洁净。对于冰鲜的原料如果不能及时加工处理，应入冷库保存。

（2）鸡肉粉质量安全管理。

a. 建立生产《现场质量巡查制度》，配备专职现场品控人员，对生产过程进行必要的监测，同时做好相关记录。

b. 建立企业《检验制度》，招聘具有合格资质的专职化验员，对产品及原料进行必要的检测，同时做好相关记录。

c. 企业应当设立专职库管岗位，并建立健全企业《仓储管理制度》，库管认真执行相关制度，做好记录。

d. 建立企业《产品留样观察制度》，品控人员应当做好相关取样、留样记录。

e. 建立企业《原料采购管理制度》，采购人员应当遵照制度要求，严格执行。

f. 建立企业《人员卫生管理制度》，企业员工认真执行。

（3）质量检测控制。公司建立健全相关质量检测管理制度。成品出厂前要进行质量检测，合格方能出厂，原料需经检验合格后方能入库储存。成品检测项目包括：

营养性指标：粗蛋白质、粗脂肪、挥发性盐基氮、酸价。

卫生指标：沙门氏菌、大肠菌群、细菌总数、重金属、多氯联苯等具有严重危害性的指标。

（4）掺假鉴别。鸡肉粉掺假现象很严重，常见的是水解羽毛粉、蹄、角、皮革粉等。最直接的掺假鉴定是感官检查法。通过对鸡肉粉的颜色、气味、质地、颗粒度等特征来检查。体视显微镜是最常用的感官检测工具，可以识别大多数掺假物。鸡肉粉、羽毛粉、血粉等很明显。鸡肉粉为不规则、半透明、呈金黄色、硬颗粒；羽毛粉呈竹节状、光滑、透明、长短不一的小碎片。

鸡肉粉质量判断方法多用感官判断。

感官判断：优质的鸡肉粉呈金黄色至淡褐色或深褐色。有新鲜的肉味，并有烤肉香味。如果变质时，会出现酸败味；正常鸡肉粉产品的钙含量为磷含量的2.2倍左右，比例异常有掺假的可能；从氨基酸平衡中可判断鸡肉粉是否有掺假。正常鸡肉粉精氨酸、甘氨酸、脯氨酸的含量较高。精氨酸含量在4%以上，甘氨酸含量在8%左右，脯氨酸在5%左右。胱氨酸含量较低，在1%左右，羽毛粉中胱氨酸含量较高，如果鸡肉粉中胱氨酸含量异常，可能掺有羽毛粉。

3. 鱼粉

按照色泽可分为红鱼粉和白鱼粉。蛋白质含量丰富，氨基酸组成比较平衡。钙、磷含量高，比例适宜。富含维生素B_{12}、维生素A、维生素D、维生素E和未知生长因子。鱼粉稍有鱼腥味，口感有鱼肉香味。无酸败、结块、发霉。全鱼粗灰分含量大约16%～20%，超过20%疑为非全鱼粉。鱼粉生产所使用的原料只能是鱼、虾类等水产动物及其加工的废弃物，不得使用受到石油、农药、有害金属或其他化合物污染的原料加工鱼粉。必要时原料要进行分拣，去除沙石、草木、金属等杂质。原料应保持新鲜，不得使用腐败变质的原料。

（1）掺假。掺入羽毛粉、皮革粉、尿素、血粉、三聚氰胺等。我国已经严令禁止三聚氰胺的生产销售。

（2）品质控制。鱼粉脂肪氧化酸败会造成鱼粉营养成分的破坏，降低营养价值，或者完全不能作为饲料原料供生产使用；鱼粉脂肪酸败会影响宠物消化功能，影响宠物生长发育，造成机体代谢紊乱；含有脂肪酸的氧化产物，具有难闻的气味和苦涩的滋味，会大大降低适口性，甚至出现拒食、中毒或死亡现象。原料鱼的种类、新鲜度、脂肪含量及加工工艺等都会影响鱼粉的组分与质量。一般应从以下几个方面对鱼粉质量进行评价（表1-6-2）。

化学指标：粗蛋白、粗脂肪、水分、灰分、盐分、钙、磷；

卫生指标：沙门氏菌、大肠杆菌、志贺菌、细菌总数、霉菌总数、三聚氰胺；

功能指标：流散性、水溶性、容重、颗粒大小；

蛋白质量指标：氨基酸、胃蛋白酶消化率、组胺、VBN、GE；

脂肪指标：酸价、过氧化值、游离脂肪酸、硫代巴比妥值。

表 1-6-2　饲料级鱼粉标准（GB/T 19164—2003）

项目	指标			
	特级	一级	二级	三级
色泽	红鱼粉黄棕色、黄褐色等鱼粉正常颜色；白鱼粉呈黄白色			
组织	膨松、纤维状组织明显、无结块、无霉变	较膨松、纤维状组织明显，无结块、无霉变	松软粉状物、无结块、无霉变	
气味	有鱼香味，无焦灼味和油脂酸败味		具有鱼粉正常气味，无异臭，无焦灼味和明显油脂酸败味	
粗蛋白质（%）	≥65	≥60	≥55	≥50
粗脂肪（%）	≤11（红鱼粉）≤9（白鱼粉）	≤12（红鱼粉）≤10（白鱼粉）	≤13	≤14
水分（%）	≤10			
盐分	以氯化钠计（%）≤2	≤3	≤3	≤4
灰分（%）	≤16（红鱼粉）≤18（白鱼粉）	≤18（红鱼粉）≤20（白鱼粉）	≤20	
砂分（%）	≤1.5	≤2.0	≤3	
赖氨酸（%）	≥4.6（红鱼粉）≥3.6（白鱼粉）	≥4.4（红鱼粉）≥3.4（白鱼粉）	≥4.2	≥3.8
蛋氨酸（%）	≥1.7（红鱼粉）≥1.5（白鱼粉）	≥1.5（红鱼粉）≥1.3（白鱼粉）	≥1.3	
酶消化率（%）	≥90（红鱼粉）≥88（白鱼粉）	≥88（红鱼粉）≥86（白鱼粉）	≥85	
(VBN)	毫克/100g）≤110	≤130	≤150	
(KOH)	油脂酸价≤3（%）	≤5	≤7	
尿素（%）	≤0.3	≤0.7		
组胺（毫克/千克）	≤300（红鱼粉）	≤500（红鱼粉）	≤1000（红鱼粉）	≤1500（红鱼粉）
铬（以6价铬计）	≤8（毫克/千克）			

（续表）

项目	指标			
	特级	一级	二级	三级
粉碎粒度（%）	≥96（通过筛孔为2.80毫米的标准筛）			
杂质（%）	不含非鱼粉原料的含氮物质（植物油饼粕、皮革粉、羽毛粉、尿素、血粉肉骨粉等）以及加工鱼露的废渣			

（二）植物性蛋白原料

植物性蛋白原料主要包括豆类籽实、饼粕类和其他植物性蛋白质原料，大豆、豌豆、大豆粕、花生粕、亚麻籽粕、玉米蛋白粉等是宠物食品生产中常用的蛋白质原料。其蛋白质含量高，一般植物性蛋白质饲料粗蛋白质含量为20%～50%，因种类不同差异较大。粗脂肪含量差异较大。油料子实含量在15%～30%。饼粕类脂肪含量因加工工艺不同差异较大，大约含量1%～10%。粗纤维含量低。钙少磷多，且主要是植酸磷。维生素较丰富。

豆粕较豆饼适口性差，饲用后可能引起腹泻，应经加热处理后再利用，减轻不良作用；花生饼易感染黄曲霉毒素，对犬猫有不良影响，用量一般不超过15%；棉籽饼含有大量的毒素，其中含有对动物有害的棉酚，在宠物食品中应该限制使用；菜籽饼粕含毒素较高，具有苦涩味，影响适口性和蛋白质的利用，因此，使用量必须严格控制。葵花饼，芝麻饼，蓖麻饼，豌豆蛋白、酒糟和干豆腐渣等蛋白质原料，但必须与其他饲料搭配使用。

1. 豆类籽实

（1）大豆。大豆加工的方法不同，饲用价值也不同。生大豆中含有多种抗营养因子，其中加热可以破坏的抗营养因子主要包括胰蛋白酶抑制因子、血细胞凝集素、抗维生素因子、植酸十二钠、脲酶等。

加热无法破坏的包括皂苷、雌激素（大豆异黄酮）、胃肠胀气因子等。而豆粕中脲酶活性与胰蛋白酶抑制因子活性呈正相关，所以通常通过测定脲酶活性来反映蛋白酶抑制因子的活性，如图1-6-1所示。

此外，大豆含有大豆抗原蛋白，能够引起幼犬肠道过敏、损伤，导致腹泻。大豆湿法膨化能破坏全脂大豆的抗原活性，同时也会破坏大豆细胞壁，提高大豆营养价值，尤其是可以提高油脂的利用率。宠物粮用大豆标准要求色泽一致，异色粒不超过5.0%，水分不得超过13.0%，熟化全脂大豆尿素酶活性不超过0.4。

（2）豆粕。大豆饼粕是大豆经取油后的副产品。压榨取油后的块状副产品称为大豆饼，浸提出油后的碎片状副产品称为大豆粕。

大豆饼粕国家标准感官性状为：大豆饼呈黄褐色饼状或小片状，大豆粕呈黄褐色或淡黄色不规则的碎片状，分带皮大豆粕和去皮大豆粕两大类。色泽一致，无发酵、霉变、结块、虫蛀及异味异臭。不得掺入饲料用大豆粕（饼）之外的物质，若加入抗氧

图1-6-1　蛋白酶抑制因子活性测试-苯酚红

化剂、防霉剂、抗结块剂等添加剂时，要具体说明加入品种和数量。

豆粕的营养质量，在大豆制油过程中，高温、高湿及高压可以使大豆中的抗胰蛋白酶抑制因子和脲酶活性很快被破坏。如果加热过度，会破坏大豆中的氨基酸，并发生美拉德反应，进一步降低豆粕的营养价值。氢氧化钾蛋白质溶解度可以反映豆粕加热程度。豆粕中种皮含量是引起质量变异的一个主要因素。豆皮主要组分是细胞壁或植物纤维，不容易被宠物（犬或猫）消化吸收（表1-6-3）。

表1-6-3　豆粕营养指标

项目	带皮大豆粕		去皮大豆粕	
	一级	二级	一级	二级
水分（%）	≤12.0	≤13.0	≤12.0	≤13.0
粗蛋白质（%）	≥44.0	≥42.0	≥48.0	≥46.0
粗纤维（%）	≤7.0		≤3.5	≤4.5
粗灰分	≤7.0		≤7.0	
尿素酶活性（以氨态氮计，毫克/分钟）	≤0.3		≤0.3	
氢氧化钾蛋白质溶解度（%）	≥70.0		≥70.0	

2. 玉米蛋白粉

玉米蛋白粉又称玉米筋蛋白。玉米面筋粉去胚芽后，采用离心分离，使淀粉与蛋白质分离而得到玉米浆，经过滤干燥得到富含蛋白质的产品。依据工艺可以知道，玉米蛋白粉的蛋白质主要来自于玉米胚芽乳和醇溶蛋白。

玉米蛋白粉中的抗性淀粉不易消化吸收。粗纤维成分主要由非淀粉多糖和木质素组成，非淀粉多糖的含量、种类、结构会影响玉米蛋白粉的消化吸收。玉米蛋白粉氨基酸比例不太合理，矿物质和维生素组成、含量也较差。粗蛋白含量60%的玉米蛋白粉粗纤维含量一般都在2%以下；粗蛋白含量在40%的玉米蛋白粉粗纤维含量在3%~6%。依据粗纤维含量，可判断是否有植物性物质掺入。灰分含量一般不超过4%，灰分偏高可以推断是否掺入黄土、砂石等杂质。对于掺入非蛋白氮的检测方法，测定氨基酸组成是最有效的方法。玉米蛋白粉感官要求浅黄色至黄褐色，色泽均匀。具有固有气味，无腐败变质气味。呈粉状或颗粒状，无发霉、结块、虫蛀。不含砂石杂质；不得掺入非蛋白氮等物质（表1-6-4）。

表1-6-4　饲料用玉米蛋白粉质量标准（NY/T 685—2003）

项目	一级	二级	三级
水分		≤12.0	
粗蛋白质（干基）	≥60.0	≥55.0	≥50.0
粗脂肪（干基）	≤5.0	≤8.0	≤10.0
粗纤维（干基）	≤3.0	≤4.0	≤5.0
粗灰分（干基）	≤2.0	≤3.0	≤4.0

引自《饲料工业汇编》（2002年—2006年）中国标准出版社

注：一级饲料用玉米蛋白粉为优等质量标准，二级玉米蛋白粉为中等质量标准，低于三级者为等外品

（三）单细胞蛋白质

单细胞蛋白质（SCP）是单细胞或具有简单构造的多细胞生物的菌体蛋白的统称。包括各种酵母、细菌、真菌、一些单细胞藻类及某些原生物。酵母含粗蛋白质40%~50%，生物学价值介于动物蛋白质与植物蛋白质之间，赖氨酸含量高。酵母在宠物食品生产中利用最为广泛，可以作为宠物食品蛋白质和维生素的添加成分，以改善氨基酸的组成，补充B族维生素。单细胞蛋白质可以根据宠物口味偏好选择利用。

二、能量（碳水化合物）原料

犬猫粮中常用的谷类籽实有玉米、小麦、面粉、次粉、麦麸、大麦、稻谷、大米（碎米），燕麦、玉米胚芽、小麦胚芽等。这类饲料水分含量低，一般在14%左右，干物质在80%以上；无氮浸出物含量高，通常占饲料干物质的66%~80%，其中主要是淀粉；粗纤维低，一般在10%以下（表1-6-5）。

这类饲料的适口性好，消化利用率较高，不足之处是蛋白质含量低，一般在10%左右，而且赖氨酸、蛋氨酸的含量也很低。粗脂肪含量低，一般是2%~5%，主要为不饱和脂肪酸。钙一般低于0.1%，磷含量可达0.31%~0.45%，但大多是以植酸磷形式存在，利用率低。富含B族维生素。

表 1-6-5 常见谷物淀粉含量的研究

谷物	%淀粉（干物质）
玉米	73
冬小麦	65
粱	71
大麦	60
燕麦	45
糙米	75

1. 玉米

玉米种类较多，从颜色划分为黄玉米与白玉米。玉米主要营养成分有淀粉、蛋白质、脂肪等。我国玉米粗蛋白平均含量为 7.92%～8.3%，粗脂肪平均含量为 4.8%，总淀粉平均含量为 68.31%，粗脂肪含量是谷物饲料中最高的一种。

玉米淀粉按基结构可分为直链淀粉与支链淀粉。直链淀粉糊化后形成的糊化物不稳定，容易发生"老化"现象；支链淀粉容易发生糊化，糊化物比较稳定。直链淀粉与支链淀粉的比例不同可能影响到颗粒饲料在制粒过程中淀粉的糊化，并影响到饲料颗粒的黏结性能。

玉米蛋白质中 50% 为玉米醇蛋白，其品质低于谷蛋白，缺乏赖氨酸，营养不全价，使用时要注意氨基酸的平衡。通过遗传改良可以降低玉米醇蛋白的比例。

玉米粗脂肪含量高，脂肪主要存在于胚中，其脂肪构成为亚油酸 59%、油酸 27%、硬脂酸 2%、亚麻酸 0.8%、花生油酸 0.2%。在贮藏过程中易发生霉变。特别是玉米粉碎后，极易吸水、结块、发热和霉菌污染，以及脂肪酸的氧化酸败。在高温潮湿地区更易变质。玉米作为淀粉来源具有良好的膨胀效果，优异的结合和黏性较高（>40%），玉米易感染黄曲霉菌，生产中应注意检测黄曲霉毒素 B_1 是否超标。这些都应引起高度重视。

饲料用玉米要求子粒外观应整齐、均匀，呈黄色或白色，无发热、结块、发芽及异味异臭。饲料用玉米按照容重、粗蛋白质、不完善粒总量、水分、杂质、色泽、气味分为三级，见表 1-6-6。

容重指每升中的重量，作为玉米商品品质重要指标，能够真实反映玉米的成熟度、完整度、均匀度和使用价值。同一品种玉米，容重值越高，玉米营养价值越高（图 1-6-2）。

表 1-6-6 饲料用玉米质量标准 （NY/T 17890—1999）

项目		一级	二级	三级
容量（g/L）		≥710	≥685	≥666
不完善粒（%）	总量	≤5.0	≤6.5	≤8.0
	其中霉粒	≤2.0		

（续表）

项目	一级	二级	三级
水分		≤14.0	
杂质		≤1.0	
色泽气味		正常	

引自：中国农业标准汇编（饲料产品卷）

注：各项质量指标含量均以 87%干物质为基础计算

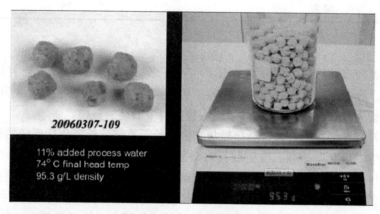

图 1-6-2　玉米容重

2. 小麦

小麦种类繁多，常见的有普通小麦、软质小麦、硬质小麦。粗蛋白含量居谷物之首，一般是 12%~13%，但必需氨基酸不足，所以小麦蛋白质品质较差。小麦的粗脂肪含量低，B 族维生素和维生素 E 含量较为丰富。小麦的有效能值与玉米、高粱相当，但粗蛋白含量约高出玉米含量的 50%，磷、锰和锌的含量高，但钙、铁、硒的含量较低。小麦与其他饲料混合饲用效果较好。小麦蛋白是以醇溶蛋白及筋蛋白共同形成的复合蛋白质，两者吸水膨胀后形成面筋，湿润的面筋具有黏性、弹性等重要物理性状，在颗粒饲料中小麦是很好的颗粒黏结剂。小麦可溶性非淀粉多糖（NSP）含量较高，约为 6%以上，主要是阿拉伯木聚糖，在消化道内增加食糜黏性而影响消化。冬小麦水分含量不得超过 12%，春小麦水分不得超过 13.5%。

饲料用小麦以粗蛋白质、粗纤维、粗灰分为质量控制指标，3 项质量指标必须全部符合相应等级的规定，分为一级、二级、三级，见表 1-6-7。

表 1-6-7　饲料用小麦质量标准（NY/T 117—1989）

项目	一级	二级	三级
粗蛋白	≥14.0	≥12.0	≥10.0
粗纤维	<2.0	<3.0	<3.5
粗灰分	<2.0	<2.5	<3.0

3. 稻谷与糙米

稻谷是我国主要粮食作物。稻谷壳粗纤维含量高，稻谷脱壳后称为糙米。稻谷中粗蛋白质含量约为 7%~8%，无氮浸出物在 60% 以上，但粗纤维在 8% 以上，主要成分为木质素和矽酸盐，直接粉碎的稻谷粗纤维含量高，消化率低。稻壳是稻谷饲用价值的限制成分，一般不宜直接用于加工犬猫食品，常使用大米以提高适口性和消化吸收率（表 1-6-8）。

表 1-6-8 我国饲用稻谷质量标准（NY/T 116—1989）

项目	一级	二级	三级
粗蛋白质（%）	≥8.0	≥6.0	≥5.0
粗纤维（%）	<9.0	<10.0	<12.0
粗灰分（%）	<5.0	<6.0	<8.0

4. 碎米

粉碎粒度以 1.5~3.0 毫米为宜。感官要求为白色粒状，色泽新鲜一致，无发酵、霉变、结块，无异味异臭。水分含量不超过 14%。不得掺入其他物质，若加入抗氧化剂、防霉剂等添加剂，应做相应说明（表 1-6-9）。

表 1-6-9 饲用碎米质量标准

项目	一级	二级	三级
粗蛋白质（%）	≥7.0	≥6.0	≥5.0
粗纤维（%）	<1.0	<2.0	<3.0
粗灰分（%）	<1.5	<2.5	<3.5

大米作为淀粉来源有以下特点：

a. 小而紧密包裹的颗粒，缓慢水合；

b. 凝胶化时变黏；

c. 选择中粒和短粒品种的长粒品种，因为它们在烹饪时黏性较小；

d. 即使烹饪价值低，大米也很容易消化。

5. 燕麦

燕麦淀粉含量不足 60%，粗纤维含量在 10% 以上，粗脂肪含量在 4.5% 以上，富含不饱和脂肪酸，燕麦不易长期保存。燕麦含有的面筋比小麦低很多，一般不宜作为黏结剂。此外，粟、黑麦等有时也会作为能量饲料使用。

6. 糠麸类原料

糠麸类原料是即谷实的加工副产品，其营养成分不仅受原粮影响，也和原粮加工方法和精度有关。相对于原粮糠麸饲料能量较低，蛋白质含量较高。糠麸是

B族维生素的良好来源。在犬猫食品中用量不宜过多，一般应控制在 2%~10% 以内。

小麦麸俗称麸皮，是小麦子实加工面粉后形成的副产品。我国国家标准（GB 10368—1989）规定饲料用小麦麸以粗蛋白质、粗纤维、粗灰分为质量控制指标。各项指标均以87%干物质计算，按含量分为三级，3项指标必须全部符合相应等级规定，二级饲料用次粉为中等质量标准，低于三级者为等外品（表1-6-10）。小麦麸因加工工艺不同，各种营养成分含量差异很大。变异范围粗纤维为 1.5%~9.5%，粗蛋白质含量为 13%~17%，钙 0.14%，磷 1.2%，不适合单独作为原料使用。蛋白质和B族维生素含量丰富，并且价格低廉，也是常用的宠物食品原料之一，但是用量不宜过大。

表1-6-10　饲用小麦麸质量标准

项目	一级	二级	三级
粗蛋白质（%）	≥15.0	≥13.0	≥11.0
粗纤维（%）	<9.0	<10.0	<11.0
粗灰分（%）	<6.0	<6.0	<6.5

7. 乳清粉

用牛乳生产工业酪蛋白和酸凝乳干酪的副产物即为乳清，其脱水即为乳清粉。一般乳糖含量高达 70% 以上，含有丰富的蛋白质，有很高的营养价值。广泛用于幼龄宠物饲粮中补充乳糖。乳清粉含盐量较高，应用时要限制用量，注意防止食盐中毒。

三、脂肪类原料

在宠物食品制作过程中，经常添加饲料油脂，以提高食品风味，改善颗粒外观，提高宠物食品能量浓度和适口性。一般的油脂分为动物油，包括鸡油、牛油、猪油、鱼油、虾油、昆虫油等，植物油包括豆油、亚麻油、植物籽实油、棕榈油。

下面以鸡油为例，讲述脂肪类原料生产质量控制。

鸡油是由经分割可食用部分后的鸡动物组织中含脂肪的部分，经过熬油提炼获得的饲料用动物性脂肪。鸡油主要生产工艺为以下步骤：

冰鲜鸡板油→炼制→油、油渣分离→过滤→成品→入罐储存

1. 鸡油质量控制要点

（1）原料来源的控制。

①确定合格供应商，建立合格供应商名录及供应商考核评估制度，并每年对其进行考核评定。

②供应商应当具有合法资质，具有完备的资质文件。

③购进的原料为冰鲜鸡板油。原料进厂检验合格后，应及时进行生产加工。未能及时安排生产的原料需放入冷库保存。原料实行先进先出原则，保障生产线供应。

④建立原料进厂检验制度，所有购进原料经检验合格后方可入库。检验项目包括：产品新鲜度、外观有无污染状况、查验每批次原料检验检疫证明手续是否齐全。

（2）生产过程控制。

①原料保持冰鲜状态、无解冻、无腐败，不得使用发生疾病和含禁用物质的动物组织。

②将合格的原料鸡板油置入炼油锅内，调节至合适温度炼制（鸡油温度不超过120℃）。

③待油、油渣分离后，将油渣捞出，挤压，然后将油导入毛油罐中。

④将毛油通过80目滤网进行过滤，去除油中杂质。

⑤将过滤好的油导入成品储油罐储存。

（3）原料及成品的保存。原料与成品应当分别存放，做好标识，避免混杂及交叉污染。禁止露天放置原料。仓储车间要求阴凉、通风、干燥、洁净。冰鲜的鸡板油如果不能及时加工处理，应入冷库保存。

2. 鸡油质量安全管理

（1）建立生产《现场质量巡查制度》，配备专职现场品控人员，对生产过程进行必要的监测，同时做好相关记录。

（2）建立企业《检验制度》，招聘具有合格资质的专职化验员，对产品及原料进行必要的检测，同时做好相关记录。

（3）企业应当设立专职库管岗位，并建立健全企业《仓储管理制度》，库管认真执行相关制度，做好记录。

（4）建立企业《产品留样观察制度》，品控人员应当做好相关取样、留样记录。

（5）建立企业《原料采购管理制度》，采购人员应当遵照制度要求，严格执行。

（6）建立企业《人员卫生管理制度》，企业员工认真执行。

3. 质量检测控制

公司建立健全相关质量检测管理制度。成品出厂前要进行质量检测，合格方能出厂，原料需经检验合格后方能入库储存。

成品检测项目包括：

（1）营养性指标。水分、粗脂肪、不皂化物、碘价、脂肪酸。

（2）卫生指标。苯并芘、砷、酸价、过氧化值、丙二醛、不溶性杂质。

4. 质量判断方法

（1）感官判断。优质的鸡油凝固态呈浅黄色或棕色，融化态为橙红色油状液体。产品具有鸡油特有的香味或微腥味。

（2）合格鸡油产品成分分析保证值。

水分	≤ 0.5%
不皂化物	≤ 2.5%
碘价（I）克/100 克	45~85
粗脂肪	≥ 90%
脂肪酸	≥ 90%
酸价（KOH）毫克/克	≤ 4
过氧化值　毫摩尔/千克	≤ 9

宠物用油脂是宠物食品中常用的原料，主要是喷涂或包裹于颗粒食品的表面，提高宠物食品的适口性。是宠物必需脂肪酸的良好来源，同时有利于脂溶性维生素的运输和吸收利用。油脂易于氧化酸败，贮存时间不宜过长。

感官要求：将抽取的混合油充分摇匀，取适量于直径 25 毫米试管中，在光线明亮处检查其外观，颜色深度应在浅黄色到浅棕色之间。取混合油试样 50 毫升，注入 100 毫升的烧杯中，加温至 50℃用玻璃棒边搅拌边检查气味。有酸败、焦臭或其他异味者为不合格产品。明显有分层现象、混合酸败味严重者为不合格（表 1-6-11）。

表 1-6-11　饲料级混合油质量标准

	项目	指标
质量标准	碘价（每 100 克油吸取碘的质量）毫克	50~90
	皂化值（皂化 1 克油脂所需要的氢氧化钾的质量）毫克	≥190
	水分及挥发物（%）	≤1
	不溶性杂质（%）	≤0.5
	非皂化值（%）	≤1
卫生指标	酸价（中和 1 油脂样品中游离脂肪酸所需要的氢氧化钾的质量）（毫克）	≤20
	过氧化值（样品中活性氧的物质的量）（毫摩尔/千克）	≤15
	羰基价（毫摩尔/千克）	≤50
	极性组分（%）	≤27
	游离棉酚（%）	≤0.02
	黄曲霉毒素（微克/千克）	≤10
	苯并（α）芘（微克/千克）	≤10
	砷（以 As 计）（毫克/千克）	≤7

四、果蔬类、块茎类和瓜类

近年来随着宠物食品品质的不断提高，越来越多含有更高营养价值和富含营养的蔬菜、水果被宠物食品原料所选择。有部分宠物食品将新鲜的蔬菜、水果经脱水后直接加入干粮中，也有部分湿粮宠物食品是直接将新鲜的蔬菜和水果经处理后，均匀加入。蔬菜、水果营养和肉类营养的结合可以给宠物犬猫带来科学的营养膳食搭配。

蔬菜水果类原料是宠物食品制造企业热衷选择的原料之一。蔬菜、水果因其含有丰富的多种必需维生素和矿物质而备受青睐。

作为宠物食品原料的苹果、葡萄、西瓜、胡萝卜、番茄、甘蓝、甘薯、木薯、甜菜、马铃薯、南瓜等，可以给宠物犬猫提供丰富的矿物质和天然抗氧化剂（表1-6-12至表1-6-15）。

表1-6-12　甘薯营养成分　　　　　　　　　　　　　　　　（%）

类别	水分	占干物质				
		粗蛋白质	粗脂肪	粗纤维	无氮浸出物	粗灰分
块根	68.8	5.77	1.92	4.17	84.62	3.53
茎蔓	88.5	12.17	3.48	28.7	43.48	12.17
粉渣	89.5	12.38	0.95	13.33	71.43	1.9

表1-6-13　宠物常用蔬菜水果类食品原料的营养价值　　　　　　（%）

样品	苜蓿草粉	胡萝卜	马铃薯	菠菜	大白菜	小白菜	苋菜
干物质	87.0	8.6	19.8	6.5	4.6	4.7	7.6
粗蛋白质	19.1	0.8	2.6	2.1	1.1	1.6	1.8
粗脂肪	2.3	0.1		0.4	0.1	0.3	0.1
粗纤维	22.7	1.2	0.6	2.3	1.1	1.0	1.1
无氮浸出物	35.3	5.7	15.8	0.4	1.8	1.0	3.4
粗灰分	8.3	0.8	0.8	1.3	0.5	0.8	1.2
钙	1.40	0.03	0.01	0.10	0.02	0.07	0.2
磷	0.51	0.03	0.04	0.03	0.03	0.03	0.05
赖氨酸	0.82	0.05	0.12	0.13	0.05	0.08	0.08
蛋氨酸	0.21	0.01	0.02	0.01	0.01	0.01	0.01
胱氨酸	0.22	0.02	0.02	0.02	0.02	0.03	0.01
色氨酸	0.37	0.01	0.04	0.03	0.01	0.02	0.02
苏氨酸	0.74	0.02	0.09	0.09	0.04	0.04	0.05
异亮氨酸	0.68	0.04	0.08	0.09	0.03	0.04	0.08
组氨酸	0.39	0.01	0.05	0.04	0.02	0.02	0.05

表 1-6-14 木薯的营养成分 （%）

样品	干物质	占鲜重					占干物质				
		粗蛋白质	粗脂肪	粗纤维	无氮浸出物	粗灰分	粗蛋白质	粗脂肪	粗纤维	无氮浸出物	粗灰分
块根	37.31	1.21	0.26	0.92	34.38	0.54	3.24	0.70	2.47	92.15	1.40
木薯头	84.63	6.38	0.27	30.34	38.52	9.12	7.54	0.32	35.85	45.52	10.77
木薯叶	70.96	5.40	2.01	5.93	13.45	2.25	18.60	6.92	20.42	46.32	7.74

表 1-6-15 南瓜的营养成分 （%）

类别	水分	占干物质					钙	磷
		粗蛋白质	粗脂肪	粗纤维	无氮浸出物	粗灰分		
南瓜	90.70	12.90	6.45	11.83	62.37	6.45	0.32	0.11
南瓜藤	82.50	8.57	5.14	32.00	44.00	10.29	0.40	0.23
饲料南瓜	93.50	13.85	1.54	10.77	67.69	6.15		

（一）营养特点

（1）水分含量高，一般为 70%～90%。

（2）粗纤维含量低，不超过 10%，无氮浸出物 67.5%～88.1%，易消化的淀粉、糖分和戊聚糖，蛋白质含量低，甘薯和木薯只有 4.5% 和 3.3%，缺少钙和磷，钾含量丰富，维生素含量丰富，甘薯和南瓜均含有胡萝卜素，含量约为 430 毫克/千克，块根块茎类富含钾盐。

（3）碳水化合物。淀粉、纤维素、寡糖、果胶、葡萄糖、果糖等，双糖和单糖较多，薯类淀粉较多，蔬菜中纤维素、半纤维素含量较多，有利于排便。

（4）维生素。蔬菜水果是维生素 C 和胡萝卜素和核黄素的重要来源。

（5）矿物质。蔬菜水果中含有大量的钙、磷、钾、铁、镁等。

（6）能量很少，不提供脂肪，糖类和蛋白质较少。

（二）块茎（马铃薯和木薯）作为淀粉来源特点

（1）使颗粒达到优异的结合效果（5%水平）。

（2）良好的膨胀物。

（3）光滑的颗粒表面。

（4）可能会增加成本。

猫粮中禁忌：洋葱和葱不能用，会造成猫贫血，猫粮偏肉食，添加绿色蔬菜效果不明显。

五、矿物质原料

常用的矿物质饲料以补充钙、磷、钠、氯等常量元素为主，主要包括食盐、含磷矿物质、含钙矿物质、含钙磷矿物质。

只含磷的矿物质饲料在生产中使用不多，用来补充磷的含量和平衡钙磷比例，常见的矿物质有磷酸二氢钠和磷酸氢二钠。磷酸二氢钠容易改变饲料中钠的比例，生产中应予注意。含钙的矿物质饲料主要有石粉、贝壳粉、蛋壳粉等。石粉为天然的碳酸钙，含钙 34%~38%，是最广泛的补钙来源。贝壳粉的主要成分碳酸钙，含钙 33%~38%，也是使用比较广泛的补钙饲料。新鲜蛋壳还含有约 12% 的粗蛋白，制干粉碎前应经高温消毒，以免蛋白质腐败和病原菌传播。既含钙又含磷的矿物饲料在生产中使用较为广泛，通常与含钙饲料共同配合使用，以使饲料钙、磷比例正常。这类矿物质饲料有骨粉、磷酸氢钙、磷酸钙、过磷酸钙等。骨粉主要成分为磷酸钙，含钙 25% 以上，含磷 12% 以上。磷酸氢钙的钙磷比例约为 3:2，接近于动物需要平衡比例，含钙 23% 以上，含磷 16% 以上，含氟 0.18% 以下。

钠源性饲料包括氯化钠、碳酸氢钠、硫酸钠等。氯化钠具有维持体液渗透压和酸碱平衡的作用，在犬猫日粮中补充适量的食盐，可提高宠物饲料（食品）的适口性，增强食欲。硫酸钠补充钠离子时不会增加氯离子的含量，是优良的钠、硫来源矿物质饲料。

第二节　宠物食品添加剂

宠物食品使用的添加剂原料，同样要求必须在 2018 年修订的饲料添加剂目录中，包括营养性添加剂和非营养性添加剂。

一、营养性添加剂

定义：是指为补充饲料营养成分而掺入饲料中的少量或者微量物质，包括饲料级氨基酸、维生素、矿物质微量元素、酶制剂、微生态制剂等。

（一）微量元素添加剂

为动物提供微量元素的叫微量元素添加剂。在饲料添加剂中应用最多的微量元素是铁、铜、锌、锰、碘与硒，这些微量元素除为动物提供必需的养分外，还能激活或抑制某些维生素、激素和酶，对保证动物的正常生理机能和物质代谢有着极其重要的作用。

常用的微量元素添加剂有氯化钾、硫酸铁、硫酸铜、硫酸锌、碘化钾、亚硒酸钠等（表 1-6-16）。

表 1-6-16 常用微量元素及含量

微量元素名称	微量元素含量
硫酸亚铁	30%
硫酸铜	25%
硫酸锰	31.8%
硫酸锌	34.5%
10%碘化钾	10%
10%亚硒酸钠	10%

有机微量元素主要有：氨基酸微量元素有蛋氨酸锌、蛋氨酸锰、蛋氨酸铁、蛋氨酸铜、蛋氨酸硒、赖氨酸铜、赖氨酸锌、甘氨酸铜、甘氨酸铁、胱氨酸硒等。

蛋白质-金属螯合物包括二肽、三肽和多肽与金属的螯合物，有钴-蛋白化合物、铜-蛋白化合物、碘-蛋白化合物、锌-蛋白化合物和铬-蛋白化合物等。另外还有酵母硒等。

微量元素螯合与不螯合对吸收率的影响取决于微量元素本身，研究发现，与无机状态相比。有机螯合硒、铬、铁更容易被吸收，锌和铜，有机螯合与不螯合没有区别，钙和镁的没有必要螯合，本身吸收率就较高。

（二）维生素添加剂

维生素是最常用也是最重要的一类饲料添加剂。列入饲料添加剂的维生素有 16 种以上。在各维生素添加剂中，氯化胆碱、维生素 A、维生素 E 及烟酸的使用量所占的比例最大。维生素添加剂种类很多，按其溶解性可分为脂溶性维生素和水溶性维生素制剂 2 类。通常需要添加维生素 A、维生素 D_3、维生素 E、维生素 K、维生素 B_2、烟酸、泛酸、氯化胆碱及维生素 B_{12}（表 1-6-17）。

表 1-6-17 常用维生素及含量

维生素	规格
维生素 A	500 000 国际单位/克
维生素 D_3	500 000 国际单位/克
维生素 E	50%
维生素 K_3	96%
维生素 C 脂	35%
维生素 B_1	98%
维生素 B_2	80%
D-泛酸	98%
烟酰胺	99%

（续表）

维生素	规格
维生素 B_6	98%
叶酸	98%
D-生物素	2%
维生素 B_{12}	1%

（三）氨基酸添加剂

添加氨基酸作为提高日粮蛋白质利用率的有效手段，是配方中用量较大的一类添加剂。宠物常用的氨基酸为蛋氨酸、精氨酸和赖氨酸。牛磺酸作为类氨基酸，在猫粮中广泛使用。

（四）酶制剂

包括蛋白酶（黑曲霉和枯草芽孢杆菌）、淀粉酶（地衣芽孢杆菌和黑曲霉）、支链淀粉酶（嗜酸乳杆菌）、脂肪酶、纤维素酶（木霉）、木聚糖酶（腐质霉）、β-聚葡糖酶（枯草芽孢杆菌和黑曲霉）、甘露聚糖酶（缓慢芽孢杆菌）、植酸酶（黑曲霉和米曲霉）。宠物常用的酶制剂有蛋白酶、脂肪酶和淀粉酶。

（五）微生态制剂

常用的微生态制剂有干酪乳杆菌、植物乳杆菌、粪链球菌、屎链球菌、乳酸片球菌、枯草芽孢杆菌、纳豆芽孢杆菌、嗜酸乳杆菌、乳链球菌、啤酒酵母菌、产朊假丝酵母、沼泽红假单胞菌等，具体见 2018 年版饲料添加剂目录。

1. 作用机制

微生态制剂中的益生菌主要通过竞争繁殖、代谢产物抑制、肠道 pH 值环境调节、免疫激活等机制抑制病原菌的生长并提高宿主免疫力。

2. 种类

大多数宠物用微生态制剂均含有各类乳杆菌和双歧杆菌等益生菌，复合制剂比单菌制剂疗效更佳；一些生长迅速的芽孢杆菌也能产生广谱细菌素，某些益生菌还可能具有治疗动物尿道结石的功效，如动物乳杆菌有显著降解草酸盐的能力。

3. 微生态制剂需具备的条件

a. 菌体能够耐受酸性环境；

b. 耐受胆盐；

c. 能够粘附于犬的肠上皮细胞；

d. 能够产生类似细菌素的物质。

4. 使用方法

为防止失活，一般采用后喷涂工艺。为保证足够的活菌数量，需要稳定而持续的添加。

（六）寡糖

寡糖包括低聚果糖（FOS），甘露寡糖（MOS）等纤维素类非淀粉多糖，作为益生元能促进肠道有益菌（双歧杆菌、乳酸菌）的生长，抑制病原微生物（梭菌、类杆菌属）的增长，从而保护消化道健康。研究证明，低聚乳果糖和果寡糖能够降低结肠粪便中的臭味物质（氨气、酚类、吲哚和胺类）的产量。这些臭味物质已经被证明引起结肠癌和其他类型的癌变。

（七）软骨保护剂

犬猫中常用的软骨保护剂是葡萄糖胺和硫酸软骨素。

硫酸软骨素是一类硫酸化的黏多糖-糖胺聚糖，大量存在于人和动物的结缔组织中，主要分布于软骨、骨、肌腱和血管壁中。硫酸软骨素主要是从牛和猪的骨组织中提取出来，在关节的软骨中，硫酸软骨素能将水分吸入蛋白多糖分子中，使软骨变厚并增加关节内的滑液量，从而增强关节的减震能力并缓和行走或跳动时的冲击和摩擦。在犬临床上，主要用于治疗骨关节疾病（如骨关节炎、缓解关节疼痛、保护关节剂）和骨质疏松。

葡萄醣胺是动物体内自然存在的一种物质，是构成蛋白多醣的主要成分，葡萄糖胺在机体内被进一步用于合成软骨和关节组织内的黏多糖（GAGS），同时还有刺激粘多糖的生成和抑制降解酶的作用。商业用途的葡萄糖胺由螃蟹和虾壳含有的几丁质水解得到，多数的葡萄糖胺是以盐酸盐的形式得到，也存在硫酸盐。将软骨素结合葡萄糖胺合并服用，能更有效地保护、逆转损坏及促进修复关节软骨。

（八）茶多酚

主要用于治疗便秘、控制肠道内菌群，在改善肠道内环境方面有显著疗效。茶多酚对肠道致病菌具有不同程度的抑制和杀伤作用，但对肠道内的有益菌却起着保护作用，其能促进双歧杆菌的生长和繁殖，改善机体肠道内的微生物结构，提高肠道的免疫功能，有助于食物的消化，预防消化器官疾病的发生，对胃癌、肠癌等多种癌症具有预防和辅助治疗作用，对保证机体健康有着积极的作用。

（九）丝兰提取物

丝兰提取物成分中的皂甙可改变肠道绒毛结构和黏膜厚度，使得营养物质吸收面积增加，丝兰植物提取物能促进有益菌的增殖，改善肠道内环境，利于肠绒毛的健康。丝兰皂甙具有广谱抗菌作用，它对溶血性金黄色葡萄球菌、溶血性链球菌、肺炎双球菌、痢疾杆菌、伤寒杆菌、副伤寒杆菌、霍乱弧菌、大肠杆菌、变形杆菌、绿脓杆菌、百日咳杆菌及其常见的致病性皮肤真菌均有较强的抑制性。从而减少病原微生物的生长，降低粪便臭味。

二、非营养性饲料添加剂

1. 抗氧化剂

包括乙氧基喹啉（EMQ）、二丁基羟基甲苯（BHT）、丁基羟基茴香醚（BHA）、没食子酸丙酯。

2. 抗结块剂

包括α-淀粉、海藻酸钠、羧甲基纤维素钠、丙二醇、二氧化硅、硅酸钙、三氧化二铝、蔗糖脂肪酸酯、山梨醇酐脂肪酸酯、甘油脂肪酸酯、硬脂酸钙、聚氧乙烯、山梨醇酐单油酸酯、聚丙烯酸树脂Ⅱ。

3. 防霉剂

包括甲酸、甲酸钙、甲酸铵、乙酸、双乙酸钠、丙酸、丙酸钙、丙酸钠、丙酸铵、丁酸、乳酸、苯甲酸、苯甲酸钠、山梨酸、山梨酸钠、山梨酸钾、富马酸、柠檬酸、酒石酸、苹果酸、磷酸、氢氧化钠、碳酸氢钠、氯化钾、氢氧化铵。

4. 脱霉剂

包括霉菌毒素吸附剂、蒙脱石、沸石、酵母细胞壁等；可以吸附日粮和原料中的黄曲霉毒素，但是对玉米赤霉烯酮、呕吐毒素等的吸附效果较差。

5. 着色剂

包括β-阿朴-8-胡萝卜素醛、辣椒红、β-阿朴-8-胡萝卜素酸乙酯、虾青素、β，β-胡萝卜素-4，4-二酮（斑蝥黄）、叶黄素（万寿菊花提取物）、辣椒红、虾青素、β-胡萝卜素-4，4-二酮（斑蝥黄）、叶黄素（万寿菊花提取物）、血粉等。

6. 乳化剂

包括甘油脂肪酸酯、蔗糖脂肪酸酯、山梨聚糖脂肪酸酯。

7. 黏结剂

包括海藻酸钠和羟甲基纤维素钠。

第三节　宠物食品风味剂及适口性

宠物风味剂（诱食剂）是以刺激宠物嗅觉、味觉、神经性等器官为基础，提高宠物对食物喜爱程度的促进物质，对宠物的采食、适口性和增进食欲有明显的提高效果。

在宠物食品行业中，适口性是衡量产品品质的典型指标。关于适口性的定义，一直没有统一的说法。Bailliere的兽医词典中对适口性有这样一段描述：动物品尝一种饲料时的愉悦程度；与另一种饲料相比，动物更愿意吃这种饲料；饲料的气味、外观等会影响动物的选择倾向。宠物食品行业的科研工作者，一直在为追求更高的适口性，更准确的适口性测试方法努力着。

一、影响宠物粮适口性的因素

宠物粮的适口性受很多因素的影响。其中主要影响因子包括：原料等级和配方、生产工艺、风味剂的使用。

原料的选择对适口性有着极大影响。为了生产高质量的宠物粮，在选择配方所需原料时要十分谨慎。宠物粮制造商需要与原料供应商经常沟通，表达清楚自己的需求，定期对供应商进行考核和审计，这是保证高品质原料供应稳定的方式。肉粉，脂肪的品质与新鲜度对适口性有着显著影响，玉米小麦是否霉变也会让敏感的宠物感受得到。不能单说某一种名称的原料是否具备好的适口性，而应该更多关注这一原料的品质。比如脂肪是一种重要的原料，在烘干的颗粒表面喷涂脂肪既可以增加产品风味，又可作为能量来源。但脂肪极易氧化，喷涂的脂肪须含有较低的游离脂肪酸和过氧化物，没有焦糊味、粪臭味和哈喇味。劣质脂肪会给适口性带来严重的问题。

生产工艺影响着产品的容重、质构、颗粒、大小等，从而对适口性有着显著的影响。预处理过程中对原料的混合和粉碎影响着成品的均匀度和质构。在挤压膨化前进行调质能够大大提高淀粉的糊化程度，还能改善颗粒质地和适口性。膨化的过程中形成了很好的颗粒形状和稳定的密度。猫更喜欢酥脆的口感，狗狗则能接受较硬的颗粒。干燥的过程影响着宠物食品最终的水分含量。如果水分过高（大于10%），会导致宠物食品发霉，从而引起宠物拒食、消费者抱怨、产品召回等，会让宠物食品公司付出昂贵的代价。干燥准确率是非常重要的参数，对阻止那些颗粒内部还没有烘干外部已经硬化的现象很重要。

另一个影响宠物粮适口性的重要因素就是宠物食品风味剂的应用，风味剂是一种专门为宠物食品、零食、营养补充剂提供更好口味的复合成分体系。它能保证宠物从所食宠物粮中获得所需的关键营养素，能引诱宠物摄取一些天然食材中无法满足的营养成分。风味剂和宠物粮的配方一样重要，都是核心成分。如果宠物不喜欢吃一种宠物粮，或者宠物主人没有察觉到他们的宠物不喜欢所吃的粮，不管这种粮的配方搭配多健康，都会造成宠物营养缺乏，从而造成一系列严重的后果。因此宠物行业的龙头企业在研发上都是不惜重金，确保能准确测试宠物粮的适口性。宠物风味剂在全球许多地区都有广泛的使用，在干粮上的使用比例比湿粮上大得多。

二、宠物食品风味剂

作为对适口性提升效果显著，又被广泛使用的重要原料，宠物食品风味剂值得重点介绍。宠物食品风味剂有人又称为诱食剂或口味增强剂，但不同于传统概念中化学或其他成分的诱惑，宠物食品风味剂是以刺激宠物嗅觉、味觉、神经性等器官为基础的营养物质所构成。科学配制的宠物风味剂所含成分均为人类或动物可食用的部分，并完全按照饲料添加剂卫生标准执行，对宠物无任何其他副作用，仅对宠物的采食、适口性和增进食欲有明显的提高效果。

风味剂，顾名思义对宠物食品的风味影响很大，但这种风味同时也受脂肪，肉粉等原料以及工艺带来的熟化度等方面的显著影响。宠物食品刚生产出来时，气味更多受风味剂的影响，在放置2周及以上时间，则会逐渐形成复合的稳定的风味，并最终影响粮食的整体感官和适口性。风味剂中处于保质考虑，通常会用到磷酸，磷酸的普遍使用会影响总的磷的摄入，同时会部分影响尿中的 pH 值，这点对猫粮尤其重要。因为适口性是显而易见的产品品质，很容易被消费者看到并重视，因此宠物食品适口性是市场非常关注的要素，也进而影响到风味剂成为了宠物食品原料竞争比例激烈的环节。

1. 风味剂的种类

按照形态主要分为液体和粉末。液体多由动物内脏、酵母膏和酶解蛋白等混合，呈液体或黏稠状；固体粉末大多为鸡肝粉、鸡肉粉、鱼肉粉等，由相关原料绞碎、酶解，再加载体喷雾干燥成粉。

按照用途主要分为狗粮风味剂和猫粮风味剂，狗和猫对适口性的喜好有着显著的区别，可以追溯到猫狗不同的生理特性及在不同区域长期以来的生活习性和习惯问题。相对来说，狗是一种杂食动物，肉类和植物类原料都可以消化并获取营养，猫是肉食动物，过多的植物性原料对猫并无多少意义，这看起来是营养性问题，但实际上也影响到了猫狗风味剂的不同特点。至于不同区域的影响，比如亚洲和欧洲，相对来说，亚洲的猫很喜欢鱼的味道，欧洲的猫对肝脏及肉的味道则更有兴趣，这是因为传统上亚太地区饮食中鱼类更普遍。

2. 风味剂的添加方式

常规喷涂：油脂，液体浆，粉依次均匀喷涂。在设备受限或者必要时，油和浆混合均匀喷涂，也是较为常用的做法。

真空喷涂：所喷涂的油脂或风味剂吸收到颗粒内部，因此相比常规喷涂，能极大提升喷涂上限。但一般来说，我们也不认为风味剂的使用越多越好，还是要考虑营养的整体平衡。

狗粮和猫粮对不同形态风味剂的需求是有差异的。狗更喜欢软的或者有一定湿度的粮食，因此喷点液体风味剂很适合，猫更喜欢酥脆干燥的口感，因此也有猫粮只喷撒固体粉末风味剂。

3. 添加量

风味剂添加量范围 1%～10% 日粮干物质，一般固体粉末诱食剂添加为 1%～2%，液体风味剂添加一般为 3%～10%。具体添加比例，按照厂商对自己的适口性要求，成本，以及竞品的品质等，综合考虑。

4. 风味剂制作

以比较常用的液体风味剂为例，主要依据美拉德（Maillard）反应，蛋白质加热 100～150℃时，蛋白质肽链上的游离氨基（如赖氨酸 ε-氨基）与还原糖（如葡萄糖或乳糖）中的醛基形成了一种氨糖复合物，不能被蛋白酶消化。制作风味剂的原料一般有动物肝脏，蛋白酶、风味酶，氨基酸，酵母抽提物，糖，维生素 B_1，麦芽糊精等。

典型风味剂制作过程：制备好的肝脏加入蛋白酶类，在各种酶的最适温度下置于恒温干燥箱内对其进行生物酶解；经酶解后的肝脏浆液，加入各种氨基酸、维生素、酵母抽提物、糖类等进行美拉德热反应。在美拉德反应后的产物中加入糊精、防腐剂、抗氧化剂、增鲜剂等改善风味和防止风味变性的各类食品添加剂，以维持产品的质量稳定。如果是粉状风味剂，则大多采用喷雾干燥的方式来制作。

三、适口性的测试

适口性测试是宠物粮和宠物风味剂企业非常重要的一环，国内外宠物行业的龙头企业一般都建有自己的试喂基地。宠物食品的适口性测试不同于人类食品，我们无法去询问宠物的意见，因此我们就必须采用客观的、定量的方法去衡量一种宠物粮的适口性。测试方法和测试数据的处理方法直接影响测试结果，所以我们所设计的测试方法、选择的数据处理方式都是围绕尽可能避免外界因素干扰、保证我们的测试客观、公正，真正反应测试粮的真实适口性。

1. 测试方法

适口性测试的方法很多，概括起来可以分成两大类，非摄食测试和摄食测试。非摄食测试是通过观察宠物猫狗对特定仪器的响应情况来判别宠物粮的适口性，像 Kitchell 等就做过猫狗的瞳孔对仪器响应试验。非摄食测试取得了一些理论性研究成果，在实际的适口性测试中应用很有限。

摄食测试是目前常用的方法，测试的主要指标就是摄食量，单盘试验和双盘试验是测试摄食量的主要方法。在宠物食品行业发展的早期，经常采用单盘试验，通常是客户提出需求，宠物粮厂家进行交叉单盘试验设计，随机选取两组试验动物，每天喂食一餐，连续喂一段时间，在试喂周期的前半段，第一组动物喂 A 粮，第二组动物喂 B 粮，测试的后半段时间，两组动物交换试喂粮。双盘测试在当下非常流行，在两个相同的盘子里分别放上不同的宠物粮，放在宠物面前一定的时长，宠物犬猫在两个盘子之间可以自由选择，两种宠物粮的适口性差别能非常明显地被展现出来，试验者只需要保证造成两种宠物粮适口性偏差是两种宠物粮真实的适口性差异，而不是人为因素干扰所致。在单盘测试中，我们只是将一段时间内一种宠物粮的摄食总量和另一种宠物粮的摄食总量对比，单盘测试只能粗略的反映宠物粮的可接受度，宠物粮之间细微的差异还是要进行双盘测试。两个在单盘测试中接受度相同的宠物粮适口性可能有差异，但两个适口性没有差异的宠物粮进行单盘测试时，接受度也同样不会有差异。

2. 测试样本的筛选

做测试前，首先要保证有一定数量的样本供我们使用，样本还应该包含测试动物的不同品种、不同体型。不同品种、不同体型的试验动物有不同的饮食喜好，试验动物的品种越丰富，试验结果越客观。尽管双盘试验是目前宠物行业适口性测试的标准方法，但在测试前也要确保我们的测试动物对不同适口性的产品有灵敏的区分度，在某些专业的测试基地，比如中国农业科学院宠物食品实验基地，会采用不同的方法筛选试验动物。如选取两个适口性差异非常明显的产品（例如添加风味剂和不添加风味剂的产品）进行对比，筛选出能区分明显差异产品的样本，踢出对适口性不敏感的样本。还有其他一些测试细微差异的方法，这些测试能帮助我们了解试验动物辨别产品细微差别的能力。不管哪种测试，在测试过程中，都需密切关注动物的摄食行为，确保它们能连续摄食，同时要调换餐盘的位置，进一步消除位置偏好的影响。

做适口性测试前，还要考虑试验动物的各种状态，身体是否健康，情绪是否正常，平时以何种粮食为主，是否饥饿或饱腹状态、每盘中需要提供的食物数量、测试周期等。处于高饥饿状态的测试动物，它们采食的动机是填饱肚子而不是选择更美味的食物，处于高饱腹状态的动物，它们一样不会做出选择。只有试验动物处于正常的状态，我们才能得到稳定的试验数据。每餐测试时间也是一个很重要的参数，在宠物食品行业，宠物犬每餐测试通常是 20~60 分钟，超过 60 分钟对试验结果影响不明显。而猫的测试时长对结果的影响非常大，时常从 2 小时到 23 小时会得到完全不同的结果。不过测试时长对猫湿粮的影响不明显，大概是因为放置 2~4 小时后，湿粮表面会结一层硬硬的皮，猫就停止吃了。

3. 适口性衡量的指标

完成了试验之后，需要记录、计算的指标有摄食率（IR）、消耗率（CR）、首选（FC）和先接近。摄食率是指一种试喂粮的摄食量除以两种对比样的摄食量之和，计算公式为：IR（A）= A/（A+B）；消耗率是指一种食物的摄食量除以对比样的摄食量，计算公式为：CR（A）= A/B，这两个指标都与总的摄食量有关，总的摄食量会受到一些外部因素的影响，例如天气、动物的情绪等，好在这些外部因素对两个摄食率的影响是相似的。首选是指试验动物先从哪个碗里摄食，A 的首选率 = 先摄食 A 的动物数量/总的样本数。先接近是衡量哪一种食物对宠物更具吸引力的指标，在双盘试验中，如果一只狗先接近 A，嗅了嗅 A，又转头去吃 B，A 仍然是先接近的试验粮。当我们得到这写数据之后，通过方差分析，就可以得到较为客观的试验结果了。

第四节　宠物食品犬猫粮配方

全价犬粮和猫粮是宠物食品中的主流，设计配方的时候，既要考虑各营养素（能量、蛋白质、维生素和矿物质）的含量，还要考虑各营养素间的全价与平衡，如能量与蛋白之间，维生素与矿物质之间，氨基酸和氨基酸之间等的平衡，当能量水平偏低时，宠物会分解部分体内的蛋白质用于供能，造成不必要的营养浪费和能蛋比失衡，同时也要考虑营养素之间的拮抗；配方制作一般通过配方软件或者 EXCEL 电子表格制作，配方一旦固定，不能轻易改动，以确保产品的稳定性。制作犬猫粮配方时，要充分考虑不同犬猫品种，不同生理阶段的营养需要量，根据不同原料特点和当地资源优势，在满足营养配比的同时，做到配方成本最优，同时兼顾卫生和安全。

一、确定营养标准

如果要制作幼犬粮配方，就要根据幼犬的营养需要量，可根据美国 AAFCO 及 NRC 推荐标准，也可以参考欧盟 FEDIAF 推荐标准，结合本企业的特点确定配方的营养标准。一般需要确定配方中的蛋白质、脂肪、粗灰粉、粗纤维、水分、钙、磷、赖氨酸、蛋氨酸、精氨酸等的水平。

二、选择原料

确定好营养标准后，需要从企业的原料数据库中挑选原料，各企业的原料数据库都有不同，企业规模越大，运行时间越长，往往原料数据库越丰富。原料数据库中各原料的营养成分要依据当地的原料特点，抽样检测的准确数据，企业抽检的原料越多，最终用于生产的原料数据库越大，品种越全，配方就会更加科学。一般按照原料在配方中所占比例大小排序，选择能量原料、蛋白原料、脂肪、纤维素、矿物质、氨基酸、维生素和微量元素、诱食剂、盐和抗氧化剂等。

三、综合配方调整

配方软件会按照配方师选择原料的营养价值、原料价格和制定好的犬猫营养标准来自动优化产生最初的配方组合，有经验的配方师会根据软件初步的优化结果，进一步调整原料种类和组成比例，还要对钙磷比例，氨基酸组成等进行微调，最终达到最优化的配方，同时软件会给出配方的营养成分比例。EXCEL 电子表格也可以用于制作配方，但是有经验的配方师，对原料和营养标准都非常熟悉。

四、制作宠物粮配方的注意事项

1. 安全性是必须要考虑的关键因素

制作配方时，一定要注意原料中霉菌毒素的污染问题，另外还要注意宠粮成品贮存过程中可能的霉变问题，在原料选择和成品水分控制上要特别注意地区差异，例如河北省为代表的北方地区生产的犬猫粮，水分含量要控制在8%左右，甚至更高；但是如果在广东省生产的粮食，水分一定要控制在7%以下。我国的宠物粮生产企业大部分在北方，也是考虑到这个问题的原因。

2. 配方中油脂含量与膨化度

一般情况下，配方中动物性原料如肉粉的比例在20%左右，当增加配方中的肉粉时，也同时增加了配方中的脂肪含量，就要考虑到膨化机的膨化能力；这是因为油脂包裹在饲料表面，阻止了蒸汽的渗透，油脂还降低了饲料与钢模间的摩擦力，随之降低了淀粉的糊化率。通常双螺杆膨化机可以通过调整蒸汽压力和膨化机的参数来实现高肉粉配方日粮的膨化度，但是当遇到单螺杆膨化机时，就会出现膨化度不够的问题。有经验的配方师在制作高肉粉和高脂肪含量的日粮时，会选用一些淀粉含量高的原料，来达到理想的膨化度。因此在设计配方的时候，要适当考虑膨化机性能和日粮中的淀粉含量。通常配方中油脂含量在7%以下时，对膨化度影响不大，在 7%～12%时，油脂每增加1%，产品容重增加 16 克/升，超过12%时，膨化度很低或者不膨化，颗粒不成形，易粉化。

3. 配方中淀粉与膨化度

淀粉对宠物食品膨化起到重要的作用，淀粉的来源和种类也对膨化度有影响，通常配方中支链淀粉比直链淀粉含量高时，颗粒膨化度也高，袁军等（2014）研究了不同淀粉源对膨化度的影响，发现含木薯作为唯一淀粉源配方的颗粒膨化度（99.3%）和淀粉糊化度（99.2%）最高，玉米的颗粒膨化度（56.3%）和淀粉糊化度（92.9%）最低。配方中支链淀粉的含量与糊化度和膨胀度成正相关。因此在设计配方时，要注意淀粉的来源与含量。通常在生产鲜肉粮时，要增加淀粉的含量，尤其是选用支链淀粉含量高的原料，同时要配合一定比例的面粉，因为面粉对颗粒的粘结性要高于玉米。犬猫常见配方见表1-6-18至表1-6-21。

表1-6-18　幼犬粮配方　　　　　　　　　　　　　　　　（%）

原料	配方1	配方2	原料	配方1	配方2
玉米	36	40	鱼粉	5	4
次粉	4	5	肉粉	15	12
碎米	8	5	肉骨粉	5	5
麸皮	2	3	蛋粉	1.5	0.5
豆粕	15	17	添加剂	1	1
甜菜颗粒	1	2	食盐	0.5	0.5
油脂	6	5	合计	100	100

注：幼犬粮配方制作时要注意选用消化率高的优质动物蛋白原料，比如鱼粉、全蛋粉等，同时注意配比一定的粗纤维

表1-6-19　成犬粮配方　　　　　　　　　　　　　　　　（%）

原料	配方1	配方2	原料	配方1	配方2
玉米	40	62	甜菜渣	2	3
碎米	20		肉粉	5	5
花生饼	12	7	肉骨粉	4	4
麸皮	4	9	添加剂	1	1
菜籽饼	4.5	2.5	食盐	0.5	0.5
油脂	7	6	合计	100	100

注：成犬可以使用一些常规的蛋白原料，例如肉骨粉、普通肉粉、豆粕等，为了保持粪便成型，适当增加纤维的比例

表1-6-20　幼猫粮配方　　　　　　　　　　　　　　　　（%）

原料	配方1	配方2	原料	配方1	配方2
玉米	25	26	肉粉	13	15
小麦面	20	22	鸡肝	5	3
玉米蛋白粉	10	2	多维矿物质	4	3
豆粕	9	10	鱼浸膏	3	3
鱼粉	5	10	食盐	0.3	0.3
油脂	6	6	合计	100	100

注：幼猫配方要注意优质蛋白原料鱼粉、鱼浸膏的使用，同时应该选择蛋白含量在65%以上的优质鸡肉粉，配方中要注意牛磺酸的添加

表1-6-21　成猫粮配方　　　　　　　　　　（%）

原料	配方1	配方2	原料	配方1	配方2
玉米	36	30	肉粉	10	12
小麦面	18	24	鸡肝	3	1
玉米蛋白粉	5	10	多维矿物质	3	2
豆粕	12	8	鱼浸膏	2	2
鱼粉	4	4	食盐	0.3	0.3
油脂	7	7	合计	100	100

注：成猫配方可以使用一些常规原料，但是也应偏重鱼类的优质蛋白原料，配方中要注意牛磺酸的添加，日粮中添加必要的纤维以促进毛球吐出

第二篇

宠物食品生产设备与工艺

第一章　宠物食品加工设备与工艺

第一节　粉碎与自动配料设备与工艺

粉碎工序是宠物食品生产的主要工序之一，粉碎的目的是制作最适合于宠物消化的日粮。粉碎质量直接影响到犬猫粮生产的质量、产量和电耗等综合成本，粉碎效果的好坏对宠物犬猫粮的适口性、消化性及后续工段的加工品质有着重要影响。

一、粉碎的概念和原理

1. 粉碎的目的

（1）增加颗粒表面积，促进养分的消化吸收。对物料进行粉碎处理的目的是增加物料的表面积，可使胃肠道内的消化酶与物料充分接触，促进养分的消化吸收。

（2）改善物料的加工性能。通过粉碎可使物料的粒度基本一致，减少混合均匀后的物料分级，同时适宜的粉碎细度有利于调制和膨化等后续工段。

2. 粉碎的要求

宠物犬、猫属肉食性动物，对非动物性原料要求熟化。宠物犬猫粮有干挤压膨化产品、半湿产品、软挤压膨化产品等。干挤压膨化产品的粉碎筛网一般要求是1.5毫米或2.0毫米的筛孔，但在实际生产中，商家常用更细的筛孔，以生产高质量的产品。在生产半湿或软挤压膨化产品时，粉碎机应采用0.8毫米的筛孔。

3. 粉碎的原理

在宠物犬猫粮加工过程中，对于大颗粒物料常采用以下4种方法将其粉碎（图2-1-1）。

撞击：利用高速旋转的锤片来击碎物料颗粒。

挤压：物料在两个机械零件之间被挤压。

剪切：物料被切刀或在两个牙齿间被切碎。

碾磨：物料颗粒在高速气流中相互撞击。

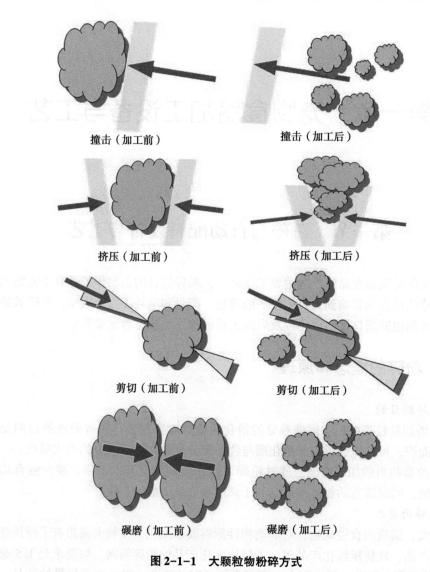

撞击（加工前）　　　　撞击（加工后）

挤压（加工前）　　　　挤压（加工后）

剪切（加工前）　　　　剪切（加工后）

碾磨（加工前）　　　　碾磨（加工后）

图 2-1-1　大颗粒物粉碎方式

4. 粉碎设备的分类（表 2-1-1）

表 2-1-1　粉碎设备的分类

按产品粒度分	原料（厘米）	成品（厘米）	粉碎比
粗粉碎	100~1500	25~500	3~4
中粉碎	6~500	1~50	5~7
微粉碎机	0.2~50	<0.6	10~50
超微粉碎机		<0.07	>50

5. 常用粉碎设备

常用粉碎的设备有锤片粉碎机、水滴形粉碎机、立轴式锤片粉碎机、微粉碎机和超微粉碎机等。

（1）普通锤片粉碎机。饲料中最常见的机型，其粉碎原理是无支承式的冲击粉碎，在粉碎过程中，锤片与物料的碰撞，绝大部分为偏心冲击，物料在粉碎室内发生旋转，消耗了一部分的能量，同时，由于物料受高速锤片的冲击和受粉碎室结构的影响，物料会贴着筛面做圆周运动，形成环流层，大颗粒在外层，小颗粒在内层，这样达到粉碎要求的小颗粒常因为不能及时从筛孔排出，出现过度粉碎，电耗增加，物料的温度升高，物料的部分水分形成蒸气，水蒸气与细粉末黏附于筛板上，造成筛孔堵塞，粉碎效率下降，在物料细粉碎时，环流对粉碎效率的影响更严重。普通锤片粉碎机粉碎物料通过2.4毫米筛孔时效率较高，粉碎后物料的平均粒径大约为1200微米，使用1毫米筛片粉碎，粉碎后物料的平均粒径大约为500~600毫米，再要细则排料不畅，因此，普通锤片粉碎机常用于对粉碎粒径要求不高的饲料的生产工艺中。

（2）水滴形粉碎机。针对普通锤片粉碎机的不足并在其基础上改造而成的，粉碎室由普通锤片粉碎机的圆形改为水滴形，这样既增大了粉碎室筛板的有效面积，又能破坏物料在粉碎室形成环流，有利于粉碎后物料排出粉碎室。另外，水滴形粉碎机的粉碎室采用二次打击粉碎设计，同时可改变锤片在转子上的位置，能形成粗、细、微细三种形成的粉碎，粉碎产量较普通锤片粉碎机提高15%以上，粉碎粒径在100~500微米之间，通常在综合性饲料厂的粉碎工艺中应用较多。

（3）立轴式锤片粉碎机。粉碎过程可分成预粉碎和主粉碎两个区域，其特征是采用了360°环筛，底面有筛板，筛理面积大，有助于粉碎后物料快速排料，同时，由于物料的重力作用，环筛的垂直筛面上黏附物料少，筛孔通过能力强；锤片转动起来后会产生一定的风压，促使物料的快速排出，粉碎效率和产量有较大提高，粉碎后的物料粒径均匀，细粉少，水分损失少，粉碎电耗节约25%左右。立轴式锤片粉碎机适合于饲料的粗粉碎及二次粉碎工艺的前道粉碎，不适用于物料的细粉碎。

（4）微粉碎机。一般用于粉碎细度要求较高的幼犬、幼猫粮等原料粉碎。由于粉碎细度要求高，普通粉碎机效率很低。在粉碎粒径250微米时，普通锤片粉碎机的效率只有30%，而气流排料的微粉碎机的效率则高达95%。微粉碎机通常与分级机配套使用。

（5）超微粉碎机。立轴式超微粉碎机是集粉碎、筛选及分离于一身的微粉碎设备。粉碎由锤头和位于内圈的齿圈来完成，粉碎粒径则由风速和位于中央的倒伞状排列的叶片的转速来控制，粉碎粒度可在60~200目之间任意调节，由于达到粉碎要求的物料能及时分离，能有效防止过细粉碎，另外风选过程能降低料温，提高粉碎效率，因此能耗低、产品粒度均匀且产量高，是目前较为理想的宠物幼犬、幼猫粮微粉碎设备。

（6）横宽式震动粉碎机。它的独特结构是具有两层可振动的筛片，筛片的内筛孔大可使物料迅速通过筛面，外筛孔小，用于精确控制物料的粒度。振动筛面可保持筛面不堵，避免物料过度粉碎，能较好地适应水分含量较高，纤维含量和油脂含量较大的原料，因而能较好地适应宠物饲料的原料粉碎要求。

另外，还有对轴混粉碎机和齿爪式粉碎机等，各有优缺点，目前应用范围不广，有特殊要求的粉碎可有针对性选择。

二、粉碎、配料工艺及设备介绍

宠物生产线原料相比一般饲料原料内部油脂含量要多，单一原料含油量高是不易于粉碎的，为了避免粉碎不畅，现在从工艺上进行优化。将原料先进行称重配料，再进行粉碎处理，既提高了粉碎机的产量，又满足配料精度，已在宠物工艺中广泛应用（图2-1-2）。

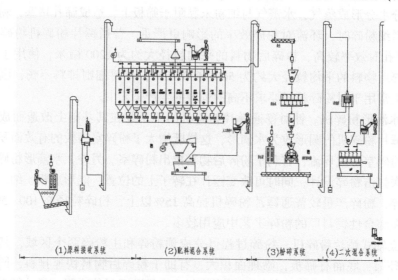

图2-1-2 粉碎、配料工艺及宠物整线工艺流程

粉碎系统包括喂料器、锤片式粉碎机、沉降室、料封绞龙、斗式提升机、脉冲除尘器、离心通风机等设备。一般宠物原料粉碎工艺采用常规的粉碎形式，粉碎后的物料收集一般采用容积沉降、脉冲除尘二级除尘的方式进行，料封绞龙作为水平输送设备，经斗式提升机输送至后路设备或料仓，工艺流程如图2-1-3所示。

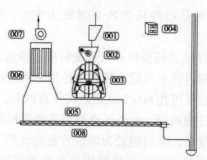

图2-1-3 沉降室加机械输送出料的粉碎系统工艺
001 缓冲头　002 叶轮喂料器　003 锤片式粉碎机　004 粉碎机现场控制柜
005 沉降室　006 脉冲除尘器　007 离心风机　008 料封绞龙

这种粉碎系统工艺方式的优点是设备投资少，工程土建成本少，粉碎风机动力低，耗能少。能够满足常规宠物饲料的生产。

配料混合系统包含配料、混合、添加以及输送等工序，配料仓是各类物料的储放设备、配料绞龙和配料仓以及电脑控制的称重系统组成配料混合系统的配料工序，混合机承担着物料的混合功能，人工投放小料以及油脂添加系统组成添加工序，混合缓冲仓下的刮板输送机以及斗式提升机组成混合后物料的输送工序。配料混合系统包含的设备有配料仓、上、下料位器、配料绞龙、配料秤、电脑控制系统、小料添加、油脂添加系统、混合缓冲仓（振动气锤）、刮板输送机、斗式提升机、成品检验筛、永磁筒等。工艺流程如图 2-1-4 所示。

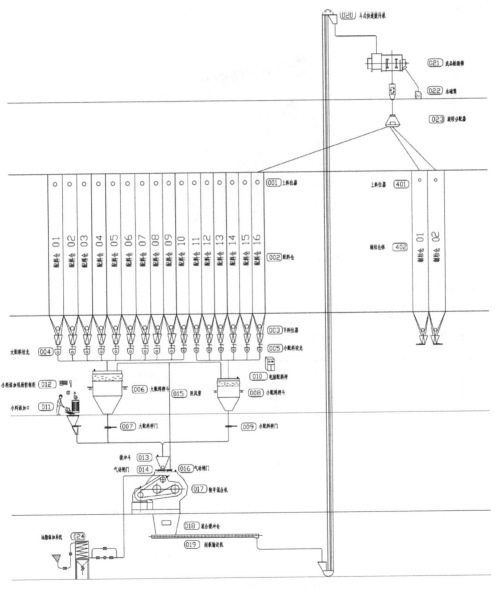

图 2-1-4　配料混合系统工艺流程

三、粉碎主机介绍

（一）SWFP 系列锤片粉碎机

1. 主要用途与适用范围

SWFP 超越系列锤片式微粉碎机广泛运用于宠物饲料行业中，可粉碎各种颗粒状饲料原料，如玉米、高粱、麦类、粕类等的颗粒原料的粉碎，是整个生产线的核心设备（图 2-1-5）。

图 2-1-5　SWFP 超越系列锤片式微粉碎机

2. 型号说明

型号为 SJPS120×2 I 双螺杆挤压膨化机（图 2-1-6）。

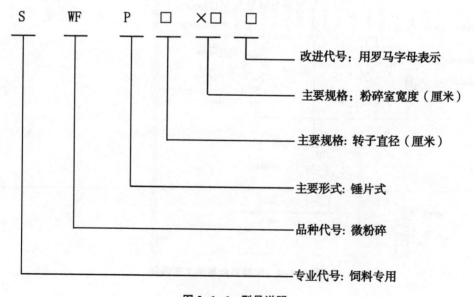

S	WF	P	□	×□	□	

改进代号：用罗马字母表示

主要规格：粉碎室宽度（厘米）

主要规格：转子直径（厘米）

主要形式：锤片式

品种代号：微粉碎

专业代号：饲料专用

图 2-1-6　型号说明

3. 主要技术参数（表2-1-2）

表2-1-2　主要技术参数

型号	主轴转速 （转/分钟）	配套动力 （千瓦）	锤片数量 （片）	重量 （千克）
SWFP66×125D		160/200/220/250	160/240	4000～4500
SWFP66×100D		110/132/160	128/192	3400～3800
SWFP66×80D	2970	90/110	96/144	3200～3400
SWFP66×60D		55/75	64/96	2260～2500

4. 所需辅助风量表（表2-1-3）

表2-1-3　所需辅助风量表

型号规格	所需风量（立方米/小时）
SWFP66×125D	11 000
SWFP66×100D	9000
SWFP66×80D	6500
SWFP66×60D	4500

（二）设备功能介绍

先进的水滴形粉碎室设计，可调节式压筛挡料装置与调谐技术的运用，提高产量。充分优化的锤片排列，使粉碎机振动、噪声更低，运行更平稳，效率更高。

粉碎室顶部可调节式挡料装置与调谐技术的运用，以破坏物料环流层，提高粉碎效率。轴向补风设计，有效地破坏环流层，有利物料的粉碎和过筛，同时也有利于轴承的降温。包括高精度的动平衡在内的各项精密检测，确保运转更平稳，噪音更低，性能更理想。可正反向工作的转子，大大延长易损件的使用寿命。可移位的全开式操作门和安全互锁装置，以保证开门的方便和安全。联动式压筛机构，使筛片的更换操作更方便可靠。可配备先进技术的变频叶轮式或磁性带式喂料器，使其工作更可靠。锤筛间隙可调，可适应不同物料的高效率粉碎。

（三）总体结构介绍

1. 结构组成

本粉碎机采用钢板焊接结构，主要由底座、上机壳、转子、操作门、压筛机构、导料机构等组成。进料口和出料口分别在粉碎室的上下中心位置。转子与电机安装在同一底座上，采用弹性套柱销联轴器传动（图2-1-7）。

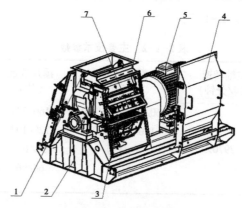

图2-1-7　总体结构介绍

1. 进料导向机构　2. 机座　3. 压筛机构　4. 操作门　5. 电机　6. 上机壳　7. 转子

2. 概要说明

需粉碎的物料通过与本机相配的喂料机构由顶部进料口喂入，经进料导向板从左边或右边进入粉碎室，在高速旋转的锤片打击和筛板摩擦作用下，物料逐渐被粉碎，并在离心力和气流作用下穿过筛孔从底座出料口排出。

3. 主要部件结构

（1）转子。由主轴、锤架板、轴销、锤片、轴承等零件组成，是粉碎机的主要运动部件。在每次更换锤片时必须严格按照锤片排列示意图安装，同时，对称两组的锤片称重总质量相差不能超过2克。

（2）筛片。筛片置于压筛机构中，很容易更换。

（3）进料导向机构使物料从左边或右边进入粉碎室。进料导向板的换向由气缸控制，自动改变电机的转向，使与进料方向相符。

（4）保护装置。为了防止机器工作时发生意外，操作门有安全互锁装置，以保证操作门打开时电机无法启动。

（四）各部件分解

各部位分解图见图2-1-8。

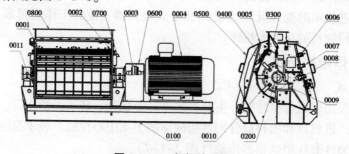

图2-1-8　各部件分解

0001 弹簧　0002 弹簧（二）　0003 联轴器　0004 电机　0005 密封条　0006 拉紧把手　0007 导插板、插座
0008 安全门锁　0009 垫铁　0010 筛板　0011 热电偶、温度显示器　0100 下机体　0200 转子锤片组件
0300 导料机构　0400 操作门　0500 压筛机构　0600 防护罩　0700 进风罩　0800 上机壳

1. 下机体（图 2-1-9）

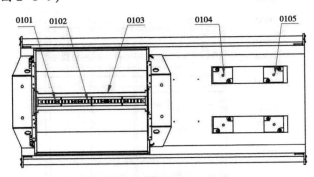

图 2-1-9　下机体（0100）

0101 挡板　0102 固筛板　0103 压筛板　0104 垫铁（一）　0105 垫铁（二）

2. 转子锤片组件及型号参数（图 2-1-10，表 2-1-4）

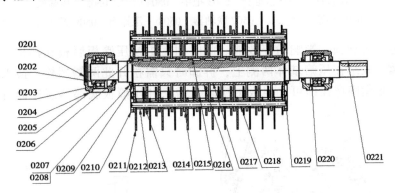

图 2-1-10　转子锤片组件（0200）

0201 端盖　0202 紧定套　0203 轴承　0204 轴承座　0205 键（一）　0206 油封
0207 圆螺母　0208 垫圈　0209 挡板　0210 端板　0211 锤片组　0212 锤片隔套
0213 锤片隔套（四组）、锤片隔套（八组）　0214 锤架板　0215 键（二）　2016 主轴隔套
2017 主轴　2018 销轴　2019 开口销　2020 定位环　2021 键（三）

表 2-1-4　锤片型号参数

型号	锤片隔套Ⅰ长度（毫米）		锤片隔套Ⅱ长度（毫米）		锤片隔套Ⅰ数量（个）		锤片隔套Ⅱ数量（个）	
	八组	四组	八组	四组	八组	四组	八组	四组
SWFP66×125D	37	13.5	7	8.5	160	160	160	80
SWFP66×100D	42	16	9.5	10.5	128	128	128	64
SWFP66×80D	39.5	15	8.5	9	96	96	96	48
SWFP66×60D	44.5	17.5	10	10.5	64	64	64	32

3. 压筛结构

（1）压筛结构如图图 2-1-11 所示。

（2）压筛板的更换。压筛板同时作为筛片下部压紧和二次粉碎的作用。使用一

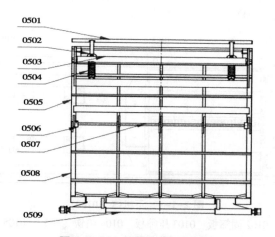

图 2-1-11 压筛结构（0500）

0501 拉杆　0502 紧定套　0503 把手　0504 弹簧　0505 上压筛架

0506 锁紧套（二）　0507 联轴器　0508 下压筛架　0509 螺杆轴

段时间后会有所磨损，影响粉碎效能。此时则需更换压筛板唇板和挡板。压筛板唇板是通过螺栓联结在压筛基体两侧上，拆卸时只需松开此两侧螺栓，换上新的压筛板唇板，拧紧紧固螺栓即可。挡板更换时只需松开压筛板底部的螺栓即可取下更换新的挡板（图 2-1-12）。

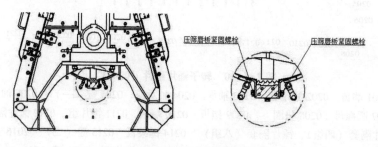

图 2-1-12 压筛板调整

4. 机壳（图 2-1-13）

5. 锤片

在粉碎过程中，保持锤片的均匀磨损非常重要，为了更好的使用锤片和筛板，建议隔一班次（或工作 10 小时）改变一次粉碎机转子的转向，以延长锤片和筛板的使用寿命。

（1）锤片的更换。锤片的两个棱角都可以用来粉碎，当锤片两角全部磨损后（图 2-1-14），需要更换新锤片。对于因强烈振动而出现孔径偏移的锤片必须更换。更换时不能只更换一个单片，而是更换整组（图 2-1-15，图 2-1-16）。

转子部分（不包括销轴、锤片和锤片隔套）如拆开更换零件，等重新装配后须进行动平衡校验。动平衡质量按国家标准 GB/T 9239—1988 对刚性转子平衡度等级 G2.5 进行校验。

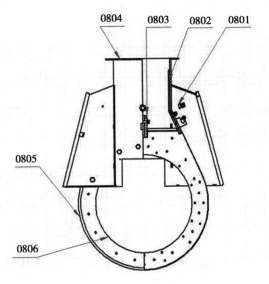

图 2-1-13　机壳（0800）

0801 弹簧定位卡　0802 衬板　0803 挡板　　0804 上机壳　0805 密封条　0806 撑筛圈

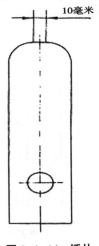

图 2-1-14　锤片

（2）锤片的更换方法。

①用扳手打开上机壳上的吸风罩。

②打开操作门，并移至一侧，松开压筛把手，放下筛框托架，取出筛片。

③用钳子取出销轴上的开口销，更换锤片，如图 2-1-17 所示。

④更换好锤片后，再将开口销安装在销轴上，如开口销损坏或磨损，应更换，不装开口销或开口销脱落可能会导致严重的安全事故，安装好吸风罩，压好筛片，关操作门。每次更换锤片后必须进行运行检查。当出现异常振动时，须仔细查找原因并作相应修正。

（3）锤筛间隙的调整。转子锤架板上设计有两套销轴孔，每套 8 组。两套销轴孔

锤片排列展开示意图

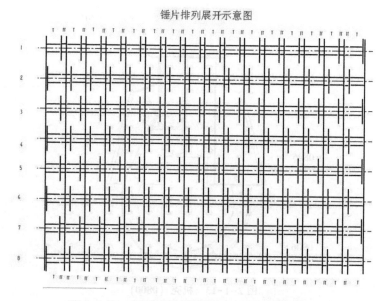

图 2-1-15 锤片安装排列展开示意（八组锤片）

注：销轴 1、3、5、7 排列相同，销轴 2、4、6、8 排列相同，转子中锤片为对称排列。图 2-1-15 为八组锤片安装排列展开示意图，锤片安装时必须严格按照要求排列，径向相对称的两组锤片总质量相差不得超过 2 克。

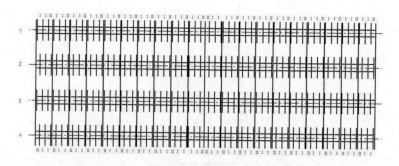

图 2-1-16 锤片安装排列展开示意（四组锤片）

注：销轴 1、3 排列相同，销轴 2、4 排列相同，转子中锤片为对称排列。图 2-1-16 为四组锤片安装排列展开示意图，锤片安装时必须严格按照要求排列，径向相对称的两组锤片总质量相差不得超过 2 克

在锤架板上的分布半径不同，这样，分别用其中一套，就会获得两种不同的锤筛间隙，可以适应不同的粉碎要求。粉碎机出厂默认锤筛间隙为大间隙（图 2-1-18）。

6. 联轴器

粉碎机使用弹性套柱销联轴器直联传动，在维护保养后安装联轴器时须非常小心的安装。以免造成精度误差对机器运转产生影响。联轴器安装完成后，需进行检查保证两半联轴器同轴度<0.1 毫米，且保持半联轴器间间隙（S）3~5 毫米。调整时先用角尺对联轴器进行调整（图 2-1-19），保证从角尺与联轴器接触的缝隙上不能够看到光线

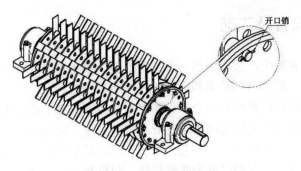

图 2-1-17　锤片更换

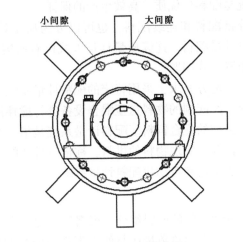

图 2-1-18　锤筛间隙

透过。可以用此方法在联轴器的上方和侧面各做一次保证没有光线透过，然后使用百分表对联轴器进行调整保证同轴度<0.1毫米。

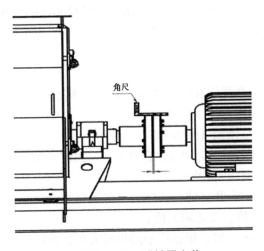

图 2-1-19　联轴器安装

四、配料设备及工艺

配料是现代犬猫粮生产过程中的一个关键工序，根据生产规模大小，自动化程度高低，配料工艺类型，配方产品种类和原料的特性而有所差异。

基本工艺：先配料后粉碎再混合和先粉碎后配料再混合工艺、先粉碎后配料和先配料后粉碎再混合的组合工艺以及两类工艺分别组合实现二次粉碎、二次混合工艺。对于作坊式添加剂预混料、小机组生产工艺，采用人工计量配料居多。对于规模化生产的饲料厂，实现快速计量自动配料已成为必然趋势。配料和混合工序是不可分割的有机组成部分。老厂改造扩大混合能力，完善配料系统加快配料速度是关键。因此，设计、配置流量平衡的快速配料系统是配料厂优质、高效生产的保证。

配料工艺：可分为分批配料和连续配料，也可以分为质量计量配料和容积计量配料。目前，常用的是质量计量配料，连续质量计量方式已有所突破，但使用不够广泛，需解决计量精度和工艺布置方式问题。

配料计量是按照预设的配方要求，采用特定的配料计量系统，对不同品种的原料进行投料与称量的工艺过程。经配制的物料送至混合设备进行搅拌混合，生产出营养成分和混合均与度都符合产品标准的配合饲料。配料计量系统是指以配料秤为中心，包括配料仓、喂料装置、卸料装置等，实现物料的供料、称量与排料的循环系统。犬猫粮生产需配置高精度、智能化、数字化和自动化配料计量系统。

（一）配料仓

配料仓用以存放参与自动配料的原料组分，根据配方比例确定每一个原料所占料仓的数量和料仓的总数量，配料仓的总数量还与所生产产品的品种数量和品种类型有关。产品种类多，生产过程配方更换频繁，不同配方中所用原料的差异，会导致原料占用料仓数增加。

1. 配料仓的数量

配料仓的数量根据时产进行配置，一般5吨/小时配设8~12个配料仓，5~10吨/小时一般配10~18个配料仓。规模厂配料仓的尺寸，一般用大、中、小3种尺寸，以适应原料的不同配比需要，同时便于工艺布置。

2. 配料仓的容量

配料仓的容量依据生产规模和存储时间而定，计算公式：

$V = Qt/k\gamma$

式中：V——配料仓总体积（立方米）；

k——仓容积利用系数 $k = 0.7 \sim 0.8$，仓数多，取大值，反之取小值；

Q——生产线小时产量（吨/小时）；

γ——物料的平均容积密度（吨/立方米），普通宠物犬猫粮 $\gamma = 0.4 \sim 0.5$，粒度细、粗纤维含量高的原料取小值，反之取大值；

t——储备时间 $t = 4 \sim 8$ 小时，根据厂子的规模大小、进料机械化程度高低和物流过程的散装化程度而定。原料接收及时取小值，反之取大值。

每个配料品种物料所要求的仓容可按上式乘以 η 求得式：

$$V1 = \eta Qt/k\gamma$$

式中：$V1$——配料仓体积（立方米）；

η——储存原料占配合饲料总量的比例（%）。

（二）配料仓卸料与配料秤喂料装置

不同的原料具有不同的喂料特性，在设计配料仓卸料斗和出口位置时，要充分考虑物料的流动特性，防止原料结拱。对流动性差的物料要采用助流装置和大的出料口，对流动性好而粒度细的物料，要采取小的出料口和阻流装置，确保物料能稳定先进先出（追求料仓排料整体流向下排料）。

喂料装置是配料系统从原料仓向配料秤供料的中间设备，其配置合理与否直接影响到配料精度和配料速度。喂料装置主要有料仓卸料斗、螺旋喂料器、叶轮喂料器、振动喂料器和皮带喂料器等。

1. 螺旋喂料器

螺旋喂料器是犬猫粮工厂自动配料系统中使用最为广泛的喂料器，其结构简单、工作可靠。螺旋喂料器主要用于粉状、颗粒和小块物料的输送，对易变质、黏性大和易结块的物料不宜采用。物料的输送方向有一端进料，另一端出料；两端进料，中间卸料和中间进料，两端卸料几种。单向输送时，一般均为水平安置。驱动装置有左装、右装和直装等多种形式。传动方式有联轴器，电动机减速器和链条传动，电动机皮带传动，电动机、皮带和轴装式减速器直接传动等几种方式。其中电动机、皮带、轴装式减速器组合传动方式最为合理螺旋喂料器的结构有变径、变螺距结构（单螺旋，双螺旋和多螺旋），也有变螺距不变径螺旋喂料器，外形有 U 形和圆筒形两大类。以变螺距不变径螺旋喂料使用最为广泛。

2. 叶轮喂料器

叶轮式喂料器主要用于料仓出口与配料秤入口水平中心距离较小的场合，也可以用作非配料系统设备的供料器。主要由叶轮、壳体、出料控制机构和传动机构等部分组成。根据需要可配置旋转式减压板。该类喂料器具有体积小、质量轻、便于安装和操作简便的特点。

3. 电磁振动喂料器

电磁振动喂料器主要结构原理电磁振动喂料器结构：由料槽、电磁振动器、减振器、吊架、吊钩、法兰等组成。工作时，电磁振动器通电产生激振力，使料槽振动，物料从进料口处振动输送至卸料口。物料的流量可通过改变喂料器的振幅来调节。

电磁振动喂料器一般用在需要频繁调节给料量的场合，在宠物犬猫粮生产配料系统主要用于微量元素预混合原料配料，在其他系统可用于粉碎机等功能设备喂料等。振动槽可用金属材料，也可用聚氯乙烯等其他材料制造。微量元素预混合原料配料秤使用电磁振动喂料器的槽宽 150 毫米、进出料口中心距离 410 毫米，进料口为圆形 φ145 毫米，采用座式结构，喂料槽与振动器之间通过振动连接板固定。其他类型的振动器采用悬挂式结构，电磁振动器与喂料槽直接固定在一起。

（三）配料秤

配料秤是犬猫粮生产加工过程中使用最为广泛的配料计量设备。配料秤的种类很多，根据使用用途大致可分为3类，即配合饲料配料秤、添加剂预混合饲料配料秤和液体配料秤。工业化生产中，配合饲料和预混合添加剂使用称量传感器电子秤。液体秤除了使用流量计容积式计量外，也采用传感器电子秤。

1. 电子配料秤的特点

速度快，可用于快速配料工艺；可连续采集数据（每秒钟100次以上），可反映配料过程，能随时观察、记录配料结果；传感器体积小，减小了配料秤的体积；分辨率高，可用于小容量、高精度的称量要求；能与电子计算机连接，可使用各种专用软件来控制，并进行在线实时控制。控制功能包括配方设计、储存、排序生产、配料误差跟踪纠正、报警，生产的批次、班产、月度、季度、年度报表统计等。先进的控制系统还可以实现实时动态显示生产作业，还可与上位机联网，实现系统控制和远程通信与监控；进行实时动态能耗监控与生产质量追踪功能：电子配料称量系统主要由喂料器、秤斗、称量传感器、称量仪表、排料阀门、机架、电子控制系统所组成。

称量传感器是影响电子配料秤精度的重要因素。称量传感器应采用高精度型，测量精度应达 0.05%~0.01%。作为电子配料秤，配料精度应达到静态 0.1%、动态 0.2%，微量配料秤配料精度静态 0.05%、动态 0.1%。

电脑配料秤是以工业用控制计算机为核心，用专用配料仪表接收和显示来自高精度传感器检测到的信号，通过工控机的 EIA-RS232 串行口与配料仪表的 RS232 串行口之间的数据传输，工控机能够通过传感器的质量信号实现配料过程中快加料、慢加料、停止下料，以及转换到另一种物料的配料，能够全自动实现配料这一复杂过程。系统实时进行数据采集、开关量检测、秤斗门控制、螺旋喂料器控制、故障检测、声光报警；配置 CRT 终端显示、称量显示仪、打印终端、计算机主机与相应的软件。控制系统配有硬、软 PLC，配模拟屏控制柜或取消模拟屏，直接采用软 PLC 软件算机操作控制等。

2. 典型配料秤的结构

典型配料秤的结构，主要由秤体（斗）、支架、数字式传感器和卸料门组成。其中秤斗用于装载配料物料，传感器与称量计量、卸料门控制批次转换、机架承载配料秤整体质量。

（1）配料秤秤斗。秤斗是用来承受待秤物料质量并将其传递给传感器的箱形部件，由秤体、秤盖和配套秤门组成。秤体由钢板制成圆锥体形、方形或矩形。一般为圆锥体形，因其刚性好、传感器布置方便。圆形秤体上部为圆柱体，下部为倒锥体（要求母线夹角>65°），并在圆柱体部分设置吊耳或牛腿以悬挂或压传感器。在秤体上通常设有验秤时放砝码用的砝码架（砝码架沿秤体周边设置，以便在秤体周边各个点都可以放置砝码）。秤斗的材料一般采用普通碳钢和不锈钢制造，碳钢的厚度为 3~6 毫米、不锈钢的厚度为 2~3 毫米。秤斗的容积一般按照饲料体积质量（常取 0.5 吨/立方米）计算，并留有 10%~20% 的容积余量。如称量为 500 千克的秤斗，秤斗容积应为 1.1~1.2 立方米。秤斗的容积根据配料秤的最大称量值与物料的体积质量来确定，计算公式见式

$V = 3600Tk/\gamma$

式中：V——秤斗容积（立方米）；

T——配料秤最大称量值（千克）；

γ——物料体积质量（千克/立方米）；

k——秤斗装满系数，一般取 $0.8 \sim 0.85$。

（2）数字式传感器。数字式传感器系统是在传统电阻应变式传感器基础上，结合现代微电子技术、微型计算机技术集成而发展起来的一种新型电子称量技术。它是由模拟传感器（电阻应变式）和数字化转换模块两部分组成。数字模块由高度集成化的电子电路，采用 SMT 表面贴装技术制成，主要包括放大器、A/D 转换器、微处理器（CPU）、存储器、接口电路（RS485）和数字化温度传感器等数字式传感器具有自动采集预处理、存储和记忆功能，并具有唯一标记，多只传感器并联组，存后可分别检查每个传感器的状态，便于故障诊断数字系统可以得到每只传感器的原始称量信号，并可对每一传感器各自寻址。这样可对每一只传感器的称量状态进行监测和分析，实现在线故障的检测；在不影响校准的情况下更换传感器；以及在多只传感器系统中，当有一只传感器发生故障时，仍可根据该传感器以往的信息，在不更换该传感器的情况下使系统在保证一定准确度的情况下继续工作。这对配料系统具有很重要的意义。

电子配料秤传感器数量大多数采用 3 个传感器的圆形秤斗，传感器处在同一水平面上呈 $120°$ 对称分布。传感器采用压力式和张力式两种形式：压力式传感器是采用滚珠支撑形式，传感器采用压式剪切梁式结构，在这种支撑称量方式下，斗处于基本固定状，优点是占用空间小、结构简单，缺点是对地面振动的影响较为做感；张力式传感器采用配料秤支架与科斗之间通过螺栓悬挂连接，优点是对地面振动的影响敏感较弱，缺点是需配置配套秤体支架、增加投资成本，占用空间大。称量传感器的选择符合GB/T 7551-1997 标准要求。

（3）秤体支架。秤体支架根据电子配料秤选用传感器的形式、秤斗的结构形状和工艺布置来确定，配料秤可以直接安装在钢结构或混凝土结构上，也可以通过专用秤体支架来安装。习惯做法：压力式传感器采用秤体配套牛腿和相应的配套支撑机架，结构简单、耗用材料较少；张力式传感器需在秤体上配套吊耳和相应配套秤体吊架，结构复杂、耗用材料较多、占用空间。

（4）配料秤秤门。秤门按结构形式分为水平插板式秤门、双翼蝶阀式秤门和弧形卸料门。气动水平插板式秤门由连接法兰、插板、滑道、汽缸、推杆（活塞杆）、电磁阀和行程开关等组成。当一批料称量结束，由计算机发出开门信号，经驱动电路使电磁阀通电，气路得以导通，推杆带动插板打开秤门。当秤斗中的料全部卸落混合机后，计算机发出关门信号，执行元件将秤门关闭。行程开关的作用是对插板限位，同时给出开门、关门状态检测讯号，并输入计算机，秤斗门开关状况在中控室有信号指示。

双翼蝶阀式秤门将翻板在阀门内部旋转，起到开启和闭合的作用；弧形卸料门实现配料秤斗的大开门功能。他们的控制原理和水平插板式秤门基本一致，仅运动方式不同而已。

（5）称量仪表。电子称量显示仪表是将称量传感器的称量结果，用模拟形式或数字形式显示出来。称量仪表随着称量传感器与集成电路的进步而发展，由模拟式到数字化，由分立元件到集成电路、智能化功能。称量仪表是电子配料秤的重要组成部分，又称为二次仪表。

五、配料设备介绍

1. 主要用途与适用范围

PLDY 电子配料秤广泛用于宠物饲料生产流程中需要对物料进行精确称重的场合，原料物料通过绞龙或其他输送方式进入到秤体中称重，到达设定重量时秤上的输送装置停止进料，待下方的混合机需要进料时，配料秤下方秤门处开启，将秤好的一定重量的物料放入混合机内，当秤示值为零时，关闭秤门处闸门，进入下一个循环（图 2-1-20）。

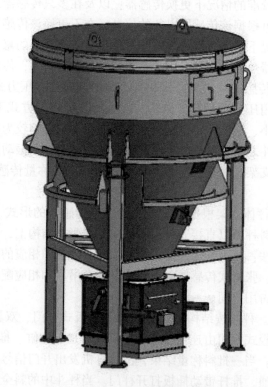

图 2-1-20 PLDY 电子配料秤结构

2. 主要结构

该产品由秤体、秤顶、支撑、秤门、传感器等部门组成。

3. 主要技术参数（表2-1-5）

表 2-1-5　主要技术参数

型号	额定批次添加量（千克）	计量误差（%）
PLDY150B	150	
PLDY250	250	
PLDY500	500	
PLDY750	750	≤±0.50
PLDY1000	1000	
PLDY1500	1500	
PLDY2000	2000	
PLDY3000	3000	

4. 配料秤的工艺布置

为了保证配料秤布置的美观性，布置圆形配料秤时要求 2/3 的配料秤腿对齐，放置在主通道一边；方形配料秤，要求外侧秤腿对齐，放在主通道一边；多台配料秤设计安装时要求采用同一种形状；配料秤门的气缸远离小料添加口；不同型号的配料秤要求上盖板高度保持一致（图2-1-21）。

图 2-1-21　配料秤在宠物食品工厂的运用

第二节　混合设备与工艺

宠物犬猫粮加工是饲料工业的一个分支，宠物食品行业的发展对宠物食品加工机械的需求越来越大，要求也来越高。宠物食品设备一般都不是单台使用，通常需要按照宠物食品加工的工艺流程组装成生产线或成套装备。混合工艺是宠物食品生产中的一个重要工序，与配料工艺相辅相成，组成一个不可分割的配料混合系统。

一、混合机工作原理

混合机是实现混合工艺的主要装备，其主要功能是根据配方的要求将宠物饲料组分均匀混合，达到宠物饲料组分配合的最佳效果，为下道工艺提供单位成分含量均匀的原料。生产工艺如图 2-1-22 所示。

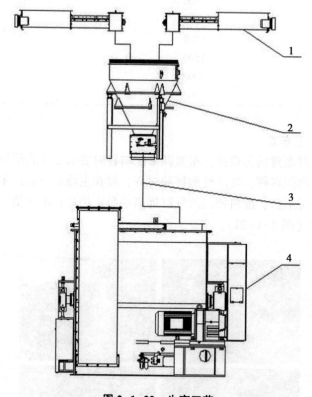

图 2-1-22　生产工艺
1. 进料绞龙　2. 配料秤　3. 溜管　4. 混合机

混合状态如图 2-1-23 所示，黑白格子各表示一种物料，图中的理想混合状态是很难达到的，实际的混合过程总是无序、不规则排列，它能达到的最佳程度称为随机完全混合。

　(a) 原始状态　　　　(b) 理想完全混合　　　(c) 随机完全混合

图 2-1-23　混合状态

根据不同的外力，混合过程或者说混合原理可以分为对流混合、扩散混合和剪切混合。不管采用何种混合设备，三种混合类型总是同时存在，但是混合机的类型不同，三种混合类型所起的混合作用的强弱程度也不同（表2-1-6）。

表2-1-6　混合与混炼、捏和、分散的区别

状态						
	干燥━━━━→浆膏状					
固相	连续	连续	连续	连续	不连续	不连续
液相	无	不连续	连续	连续	连续	连续
气相	连续	连续	连续	不连续	无	无
操作	混　合					
		混　炼		捏　和		
					分　散	

对流混合又称体积混合，对流混合中许多成团的物料颗粒从混合物一处移向另一处，物料团作相对流动，因此物料可以很快地结合。这种类型的混合受物料物理特性影响较小，但是混合过程中是以物料团作为混合单元而运动的，因此物料团内的不均匀状态不易被破坏，导致混合均匀度不高。扩散混合是在外力作用下，物料受到压缩、扩散等作用，物料的单个粒子与其他粒子之间相互吸引、排斥或者参插，进行着无规律的移动。扩散混合的速度很慢，物料的物理特性对混合效果的影响较大，分散性良好的物料比黏滞性物料易混合均匀。剪切混合是使物料粒子与粒子间彼此形成剪切面，粒子间通过相互参插而增加物料的混合均匀程度。

一个实际的混合过程可用由偏差表示的混合度M随时间t变化的曲线即混合特性曲线表示，如图2-1-24所示，整条曲线可分为3个区间，各个区间有不同的混合机理，混合初期，主要受对流混合支配；混合中期是对流和剪切进行恒速混合；后期以扩散混合为主。在混合过程中总是存在两种过程，即混合与反混合，混合状态是这两种相反过程之间建立起来的动平衡。

混合过程中发生的对流、剪切和扩散3种混合机理不可能在各自的区间独立起作用，而是随混合过程进行同时出现，如图2-1-25所示。

影响混合过程的因素有被混合物料的物性差和操作条件两项，其中物性差的影响更

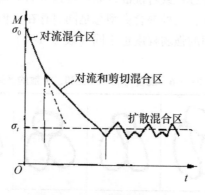

图 2-1-24　混合特性曲线

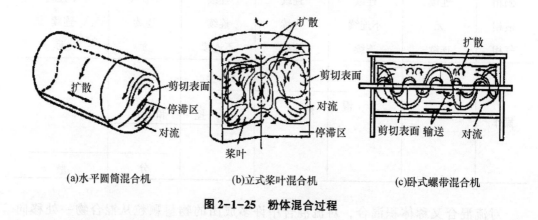

图 2-1-25　粉体混合过程

大。对混合装置内粉体粒子的运动来说，混合和分离两作用是对等存在的，有粒径及密度差存在时，会产生离析的作用，致使得不到充分的混合。对混合装置选型和决定混合设备的操作条件时，总是尽量考虑减少这方面的影响。

二、混合机分类及性能评定

（一）混合机分类

常用的固体混合设备有三种类型：容器转动、容器固定，内部器件转动、容器和内部器件同时转动。表 2-1-7 为各种固体混合器进行了分类。

表 2-1-7 固体混合设备的类型

鼓	鼓内置破坏粉团的构件	壳体静止	壳体和内部器件同时转动	冲击器	能影响固体混合的操作步骤
无挡板： 　鼓 (水平式或轴斜式) 　双锥式 　V 式 　立方体式 有挡板： 　水平鼓 　沿长轴旋转的双锥	球磨 卵石磨 辊子磨 振动卵石磨 双锥式 V 式 立方体式	螺带式 壳盘静止，碾磨轮转动 直立螺带式 单转子式 双转子式 涡轮式 桨式 搅拌筛	壳盘和碾磨轮以相反方向同时旋转 行星式	锤式磨 冲击磨 笼式磨 喷射磨 摩擦磨	充注料斗 流态化 螺杆输送 用带式输送机装料 脉冲输送 振动

注：在使用脉冲输送和振动时要小心选择，有时它们会使固体粒子产生离析作用

　　在犬猫粮生产中常见的分批式混合机有卧式螺旋带单/双轴混合机、卧式桨叶式单/双轴混合机、立式锥形行星式螺旋绞龙混合机和整体回转型"V"形混合机。连续式混合机有卧式单/双轴桨叶式混合机（图 2-1-26）。

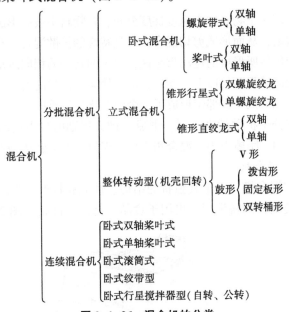

图 2-1-26 混合机的分类

1. 双轴桨叶混合机

双轴桨叶式混合机的内部结构如图 2-1-27 所示。

双轴桨叶式混合机机内并排装有两个转子，转子由转轴和多组桨叶组成，每组桨叶有两叶片。大部分桨叶呈 45°安装在轴上，只有一根轴最左端的桨叶和另一根轴最右端的桨叶与轴线的夹角小于其他桨叶，其目的是让物料在此处获得更大的抛幅而较快地进入另一个转子的作用区。两轴上的桨叶组相互错开，其轴距小于两桨叶长度之和。转子运转时，两根轴上的对应桨叶端部在机体中央部分形成交叉重叠，但不会相互碰撞。

混合机工作时，机内物料呈现多方位的复合运动状态：一是沿转子轴方向的对流混

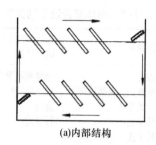

(a)内部结构

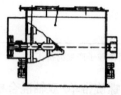

(b)外部结构

图 2-1-27　双轴桨叶式混合机

合；二是剪切混合，即由于物料内有速度梯度分布，在物料中彼此形成剪切面，使物料之间产生相互碰撞和滑动，从而形成剪切混合；三是特殊的扩散混合，在其机体中部一线区域，即两转子反方向旋转所形成的运动重叠区，由于两转子的相向运动使该区域物料受旋转桨叶作用比在其他区域强两倍以上。此外，被一侧桨叶提起的物料，在散落过程中，物料相互摩擦渗透，在混合机中央部位形成了一个流态化的失重区，使该区域的固体物料的混合运动像液体中的分子扩散运动一样，形成一种无规则的自由运动，充分进行扩散混合。混合作用轻而平和，摩擦力小，混合物无离析现象，不会破坏物料的原始物理状态。

2. 卧式单轴桨叶混合机

卧式单轴桨叶式混合机，由于其独特的结构、性能和特点，被广泛应用于添加剂预混合饲料生产和各类配合饲料生产，也用于食品、化工等行业（图 2-1-28）。

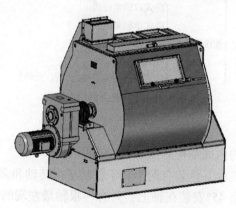

图 2-1-28　卧式单轴桨叶式混合机

卧式单轴桨叶式混合机（又称"混合王"）具有如下特点：

①高效混合技术，混合均匀度好。特殊设计的高强度双层桨叶结构，使物料在瞬间

失重状态下混合，混合柔和，一般物料混合 45~60 秒，混合比在 1∶100 000 时混合均匀度 CV≤5%。

②密封可靠、效果好。出料门密封采用硅胶条密封条，密封效果好，使用寿命长，装配式结构，更换、调整方便。

③液体添加均匀、雾化效果好。可升降的液体添加装置，清理、维修、调整方便，选用特殊的压力喷嘴，液体雾化效果好，添加量调整方便。

④开关门机构可靠。采用双联摇杆结构形式的开关门机构，开关门快速可靠，且有自锁功能，销轴处设有耐磨衬套，使用寿命长，维护方便。

⑤有安全互锁装置，安全性高。清理门处设有安全互锁开关，安全性好，保证操作者的安全。

3. 圆锥形行星混合机

圆锥形行星混合机的内部结构如图 2-1-29 所示。

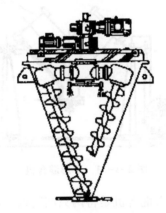

图 2-1-29　圆锥形行星混合机

当曲柄转动时，通过曲柄与齿轮的传动，使螺旋轴在围绕圆锥形筒体公转的同时又进行自转，致使物料不仅上下翻动，而且还绕着筒体四周不断转动并在水平方向混合。由于外壳为锥形，因此上下部的运动速度不同，同一高度层的运动速度也不一样，使得物料之间存在相对运动，从而达到混合的目的。因此，该混合机工作时主要是扩散混合，而且混合作用强，混合时间短，最终的混合质量较好。此外，混合料的粒径、密度、散落性及物料在混合筒内的充满系数都不会对混合机的正常工作产生明显影响。

4. 卧式环带式混合机

卧式环带式混合机主要由机体、螺旋轴、传动部分和控制部分组成。机体为槽形，其截面有"O"形"U"形和"W"形 3 种。其中，"U"形混合机应用最普遍。在"U"形混合机中，又以单轴双螺旋最为常见（图 2-1-30）。该机的内外螺旋分别为左、右螺旋，使物料在混合机内按逆流原理进行充分混合。外圈螺旋叶片使物料沿螺旋轴向一个方向流动，内圈螺旋则使物料向相反方向流动，使物料成团地从料堆的一处移到另一处，很快地达到粗略的团块状的混合，并在此基础上有较多的表面进行细致的、颗粒间的混合，从而达到均匀混合。

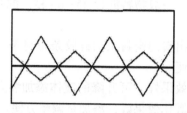

图 2-1-30　卧式环带式混合机

5. "V"形混合机

"V"形混合机是机壳转动式混合机，机壳转动式混合机有带搅拌叶片的圆筒形、"S"形、"V"形等。常作为维生素、微量矿物元素等饲料微量添加剂的第一级预混合设备。"V"形混合机的结构外形如图 2-1-31 所示。

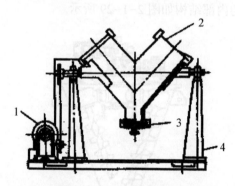

图 2-1-31　V 形混合机

由图 2-1-31 可见，"V"形混合机是将两只圆筒以一定的角度作"V"形相接，在两侧的重心位置上分别固定一段支撑转轴，并与动力及减速设备相连。当两种以上物料放入混合筒并开始运转以后，物料就在"V"形筒内翻动混合。当混合均匀后，可将混合筒倒置，开启封闭门卸出混合料。机壳转动型混合机与机壳固定型相比，混合类型以扩散混合为主。故混合速度慢得多，但是最终混合均匀度较好。适用于高浓度微量成分的第一级混合，在机壳转动型中则以"V"形及带导向叶片的圆筒混合机混合速度较快，更适用于生产微量饲料添加剂。"V"形混合机的充满系数较小，而且对混合速度的影响较大。充满系数小，混合速度快。理想的充满系数为 30%左右。

（二）混合机工作性能的评定

判定混合机效率的主要指标是混合的混合生产率、残留率和混合均匀度变异系数。

1. 混合机的生产率

混合机的生产率用每小时生产量（吨/小时）来表示。通过测定一个混合周期的时间和已知的额定批次，混合质量计算即可。其中，混合周期的时间由 3 部分组成，即进料时间、卸料时间及纯混合时间。在正常生产情况下，用秒表测定混合机的混合周期，即时记录从混合机出料门第 1 次开启（或关闭）到第 2 次开启（或关闭）所需要的时间。计算混合机的生产率的公式为：

$$Q = \frac{60q}{1000\,T}$$

式中：Q——混合机生产率（吨/小时）；

　　　q——额定批次混合质量（千克）；

　　　T——混合周期（分钟）。

2. 混合均匀度变异系数

混合均匀度指的是混合物中各种组分均匀分布的程度，即混合物中任意单位容积内所含某种组分的粒子数与平均含量的接近程度。目前公认的表达混合均匀度的方法是利用统计学上的变异系数，即 CV 值。

混合均匀度通常以其不均匀率（即其混合均匀率变异系数 CV）表示。它是指粒度相同的基本组分和检测组分（示踪剂）经搅拌混合后，检测组分存在于几个混合子空间内的颗粒 m 的离散程度。以 x_i（i=1，2，…，n）表示对第 i 个混合子空间的测量结果，单位是测量单位（如颗粒数目、毫克或光密度值等）。物料混合均匀度的样本变异系数为：

$$CV = \frac{S}{\bar{x}} \times 100\%$$

式中：S——混合物样本的标准差；

　　　$\bar{x}$——混合物样本的平均值。

变异系数表示的是样本的标准差相对于平均值的偏离程度，是一个相对值。当前，国内外通用的规范是：合格的混合产品 CV≤10%，优秀的混合产品 CV≤5%。如果物料混合产品 CV>20%，则无论是产品质量还是成本，都无法接受。图 2-1-32 为饲料工业常用间歇式混合机混合时间与变异系数之间的关系。

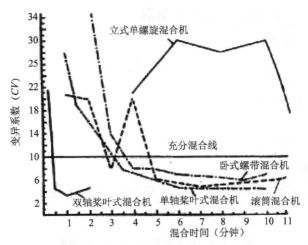

图 2-1-32　饲料工业常用间歇式混合机混合时间与变异系数之间的关系

国家标准（GB 5918—2008）规定混合均匀度的测定按甲基紫法或氯离子选择电极法进行。甲基紫法是以甲基紫色素作为示踪物，将其预先混合于饲料中，再用比色法测定样品中甲基紫含量，作为反映饲料混合均匀度的依据。而氯离子选择电极法是通过氯离子选择电极的电极电位对溶液中氯离子的选择性响应来测定氯离子的含量，以同一批次饲料中不同试样中氯离子的差异来反映饲料的混合均匀度。

3. 残留率

残留率是混合机排料后残留在混合室内的物料质量与混合机额定批次混合质量的百分比。其计算公式为：

$$P = \frac{q}{Q} \times 100\%$$

式中：P——残留率（%）；

$\quad q$——混合室内残留物料质量（千克）；

$\quad Q$——额定批次混合质量（千克）。

三、混合工艺

混合工艺一般与配料结合比较紧密，宠物犬猫粮厂的基本配料与混合工艺主要由先配料后粉碎再混合工艺、先粉碎后配料再混合工艺和先粉碎后大宗配料再混合+二次粉碎二次配料和二次混合的组合工艺组成。根据配料的方式又可分为自动一仓一秤配料工艺、自动多料一秤和多秤配料工艺、连续多料多秤和单秤配料工艺。工厂化、规模化生产均采用多料多秤的分批自动配料工艺。多料一秤和多秤连续配料工艺是发展的趋势。从工艺组成来看，配料工艺、混合和粉碎工艺是一个不可分割的有机整体，尤其是将粉碎过程组合在工艺中间时显得尤为突出，而此类工艺在原料品种日益增多的今天已成为发展的方向。

（一）混合工艺的混合（循环）周期

混合周期按下式计算：

$$t_s = t_r + t_j + t_x + t_{j1}$$

式中：t_s——混合周期（秒）；

$\quad t_r$——进料时间（秒）；

$\quad t_j$——混合时间（秒）；

$\quad t_x$——卸料时间（秒）；

$\quad t_{j1}$——批与批间隔时间。

混合周期和配料周期是相互依存的，采用快速配料、快速混合则周期短，反之则周期长。目前各类混合机周期组合见表2-1-8。

表2-1-8　各类常用混合机混合周期表

序号	混合机类型	进料时间（秒）	混合时间（秒）	卸料时间（秒）	配料周期
1	卧式双轴桨叶	30~60	20~60	10~20	$>t_2$
2	卧式单轴桨叶	30~60	≥90	10~20	$\geqslant t_2$
3	卧式单轴螺带	30~60	180~240	30~60	$\leqslant t_1$

（续表）

序号	混合机类型	进料时间（秒）	混合时间（秒）	卸料时间（秒）	配料周期
4	卧式双轴螺带	30~60	180~240	30~60	≤t_2
5	锥型立式双绞龙行星	90~120	300~600	90~120	≤t_2

注：1. 锥形立式双绞龙行星混合机，一般用于预混合饲料、添加剂生产，混合周期较长；2. 混合原料为粉体、液体添加量5%，如果>5%则混合时间要适当延长，脂肪和糖蜜的添加量在1和2类混合机中添加量为8%

如何正确、合理地选用和安排配料、混合周期，是充分发挥饲料厂生产效率的关键之一。典型配料混合周期时间排序见图2-1-33。图2-1-33（a）为普通2吨/批卧式螺带式混合机1台配料混合周期时间排序，混合周期为5.5分钟，配料时间为3分钟，配料等待时间为2.5分钟。混合能力为11批/小时（22吨/小时）。系统效率没有得到充分发挥。

图2-1-33（b）为普通2吨/批卧式螺带式混合机2台配料混合周期时间排序，混合周期3.5分钟，配料时间为3分钟，混合能力为17批/小时（34吨/小时），比一台混合机提高54.5%。系统能力得到充分发挥（配料等待时间为0）。

图2-1-33（c）为2吨/批桨叶式（双、单轴）卧式混合机1台配料混合周期时间排序，混合时间定为2分钟，配料时间仍为3分钟，则混合周期为3.5分钟，产量同（b）。如果将配料时间减少到2.5分钟、混合时间1.5分钟（添加液体必须保证时间），则混合周期2.5分钟，混合能力为22批/小时（44吨/小时），是（a）混合能力的1倍。

综上所述，采用（a）方案混合周期过长，系统的能力没有得到充分发挥；采用（b）方案生产能力提高54.5%，2台混合机的能力仅利用了77%，但多增加一条混合生产线的投资，此方案适宜于中小饲料厂的改造扩容。采用方案（c）是最佳的发展型工艺，此方案也可称为快速配料工艺，仅改变了混合机的类型，加快配料速度，使混合机的能力翻一翻，达到44吨/小时。但在选用此方案时，必须注意配料精度、混合时间和液体添加时间等因素。

上述混合周期时间排序既适用于先粉碎后配料工艺，也适用于先配料后粉碎工艺，但在后粉碎工艺中配料周期等于物料粉碎周期。

（二）影响混合工艺效果的因素

在宠物犬猫粮生产中，混合速度与最终的混合均匀度是评定混合工艺效果的2个主要指标。影响混合速度及最终混合均匀度的主要因素有以下几点。

1. 混合机机型的影响

混合机机型的不同，混合机内主要的混合类型有可能不同，混合的结果也有差异。例如以卧式单轴双螺带混合机和卧式单轴（双轴）桨叶式混合机相比，前者混合3.5分钟后达到CV<10%，后者在20.90秒内可达到CV<5%。很显然，后者更适合于各类饲料的生产，"V"形和立式锥形行星式混合机适宜预混合饲料的生产（CV<5%混合时间较长，批量小）。混合机结构特点造成残留的多少也决定其适用的对象，残留量高的混合机不适宜预混合饲料生产。

2. 混合机主要工作部件的磨损

混合机的主要工作部件（转子、叶片或螺带）磨损后会影响工作间隙，降低混合

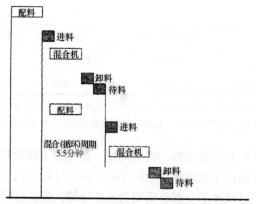

(a) 1台2吨/批普通卧式螺带混合机

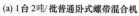

(b) 2台2吨/批普通卧式螺带混合机

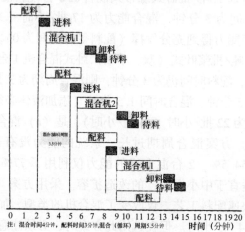

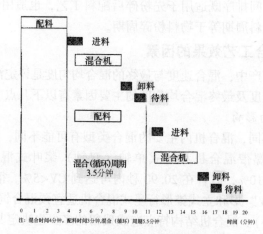

(c) 1台2吨/批卧式单（双）桨叶混合机

图 2-1-33 典型配料、混合周期时间排序

效果。据 Robert Wilcox 博士测定结果，当 2 吨卧式螺带式混合机螺带宽度磨损 38.1 毫米时（总宽 63.5 毫米），混合均匀度变异系数需混合 8.5 分钟才达到 10%，而且残留量增加；当 2 吨卧式单轴桨叶式混合机的桨叶宽度磨损 51 毫米，则同样需混合 8.5 分钟才可达到 CV=10%，残留量增加。因此在设计混合机时，要选用耐磨材料，磨损后应及时更换。

3. 混合机转速的影响

混合机转速低可能会使混合机内物料不能很好地横向移动，除非延长混合时间，否则混合不均匀。物料在混合机内的横向移动对完全混合是必要的。通常卧式双螺带混合机的转速在 30~40 转/分钟，卧式双轴桨叶式混合机也在此范围，但卧式单轴桨叶式混合机的转速根据有效容积的大小而有差异，0.2~11 立方米；转速分别从 53~135 转/分钟降至 17~23 转/分钟。混合机转子螺带和桨叶磨损后，适当增加速度可改善混合效果。

4. 充满系数对混合效果的影响

混合机内装入的物料容积 $V_物$ 与混合机容积 $V_机$ 的比值称为"充满系数"（或叫装满系数），充满系数 = $V_物$ /$V_机$。充满系数的大小影响混合的精度及速度，各类混合机在生产中适宜的充满系数见表 2-1-9。

表 2-1-9　混合机适宜的充满系数

混合机类型	适宜装满系数 $V_物/V_机$	混合机类型	适宜装满系数 $V_物/V_机$
卧式螺带混合机	30%~60%	行星绞龙混合机	50%~60%
卧式双轴桨叶式混合机	10%~85%	水平圆筒混合机	30%~50%
立式绞龙混合机	80%~85%	"V"形混合机	30%~50%

卧式螺带式混合机在实际操作过程中，通常使加入的物料盖住中轴，或混合时断断续续地可见到物料在螺带上表面。在上述情况下都能达到良好的混合效果。当物料料面高度平于混合机转子的顶部时也可以获得良好的混合效果，且这种装满状态下，混合机的产量最高，能耗最低，因此，习惯上饲料生产中都在这种状态下进行工作。如料面超过转子时，则混合效果将降低。如把物料上表面与转子上顶端平齐为装满系数 100%，则当物料的装满系数低于 45% 时，混合效果也将降低。而且混合机的电力消耗也不再随装满程度下降而显著降低。物料的装满系数应在 45%~100% 范围内，以装满系数 100% 为最好。卧式单、双轴桨叶式混合机的装满系数 10%~140%，并不影响混合效果。

5. 进料程序的影响

对卧式螺带混合机、卧式桨叶混合机及行星绞龙式混合机，应先将配比率高的组分投入混合机，再将配比率低的物料投入，以防止微量组分成团地落入混合机的死角或底部等某些难以混匀之处。对于易飞扬的少量及微量组分，则应放置在 80% 的大量组分的上面，然后再将余下的 20% 的大量组分覆盖在微量组分上，这样既可保证这些微量组分易于混匀，又可避免飞扬损失。如在间隙混合机中混合液态组分，则先投入所有粉料并混合一段时间，然后加入液态组分并将其与粉料混合均匀。

6. **物料物理特性和稀释比的影响**

对混合效果有影响的物料特性主要有相对密度、粒度、粒度均一度、粒子表面粗糙程度、物料水分、散落性以及结团性等。

混合物料的平均粒径小、粒径均匀，混合的速度慢，而混合所能达到的均匀程度高。当两种粒径不同的物料混合时，如两者粒径的差别越大，混合所能达到的精度越差。所以应力求选用粒度相近的物料进行混合。当混合物之间的体积质量差异较大时，所需的混合时间较长，而且混合以后产生分离现象也较严重，最终混合精度较低。在条件许可时，尽量采用体积质量相似的原料。特别是预混料载体和稀释剂的选择，更应该注重这一点。

稀释比对混合速度有影响，稀释比大，混合速度慢。要使极微量的组分均匀地分布到其他组分中去，必须依赖剪切混合和扩散混合作用力，只有较长时间的混合，才能使这两种混合方式起作用。而稀释比对最终混合均匀度的影响，实质上是极微量组分的粒子个数对最终混合均匀度的影响。任一组分，如粒子数低于某一值，则不管怎样混合，都得不到混合均匀程度高的产品。因此，对于那些占总量比例很小的微量组分，提高其分布均匀性的关键是增加它的粒子数，而不是降低它的稀释比。

混合过程中，除了上述因素的影响外，还应防止维生素等细粉料因静电效应而黏附在机壁或因粉尘飞扬而散失并集聚到集尘器中。

综上所述，使用混合机应注意如下几点。

（1）尽量使用各种常量及少量组分的相对密度相近，粒度相当。

（2）依据物料特性确定合适的混合时间，以免混合不足或减低混合产量。

（3）掌握适当的装满系数及安排正确的装入程序。

（4）注意混合机的转动螺带与机筒的间隙，合理选用螺带或绞龙的转动速度，使之处于最佳的工作状态。

（5）混合后的物料不宜进行快速流动或剧烈震荡，不宜采用稀相气力输送，以避免严重的自动分级。

（6）定期（每年一次）检查混合机的混合效果。螺带、桨叶等类型的混合机需及时调整转子与机壳的间隙，去除黏结于转子和机壳上的物料。

第三节　挤压膨化设备与工艺

宠物食品工业中挤压膨化技术的发展起源于 1910 年，20 世纪是宠物食品工业螺旋挤压成形技术开发和应用的关键时期。其发展阶段主要分为：

30 年代——成功地将 1873 年由 Phoenix Gummiwerke AG 开发的第一台单螺杆挤压机（用于橡胶工业），引用于生产膨化玉米。

40 年代——将挤压技术应用于犬粮的生产，以改善宠物食品的外观、适口性和消化率。

50年代——预调质、挤压成形技术快速发展，大量应用于宠物食品生产。

60年代——半干半湿宠物食品、原料预熟化（谷物、大豆等）螺旋挤压技术得到了发展。

70年代——螺旋挤压成形技术开始应用到水产饲料工业化生产，宠物食品生产进一步发展；双螺杆挤压机开始应用于食品工业。

80年代——水产饲料生产迅速发展，形成商品化规模生产；双螺杆挤压机开始应用到宠物食品工业；挤压式膨胀器开始投入应用。

90年代——第三代弱剪切、低热挤压机、预调质器、直接蒸汽注入和带放气孔机镗的新型挤压机研发成功；高温短时UP/C系列多功能螺旋挤压机投入应用。

挤压机（extruder）：根据英文的名词词义为挤压机、螺旋压出机，俗称膨化机（图2-1-34）。

图2-1-34 膨化机

宠物粮的膨化工段将不同配比的原料经过调质后进入膨化腔，经过螺杆进行混合、剪切、挤压、成型等动作，是物料物理状态发生改变的深加工设备，赋予物料改变性状的机械能、热能，基本原理是让原料在加热、加压的情况下突然减压而使之膨胀。膨化工艺也是宠物食品成型的一次过程，成型过程中以蒸汽的形式将水分加入，使宠物食品中原料淀粉糊化，升温至100~180℃。膨化干粮有营养均衡、使用方便、保质期长、成本适当等优点。水分含量一般在6%~12%之间，膨化干粮的消化率一般可以达到70%以上，总能可以达到6.27~6.69千焦/千克。

膨化的优点：一是提高适口性，酥脆，膨化过程中释放香味物质，宠物在咬断和吞咽的过程中，有比较好的口感和清洁口腔牙齿作用；二是改变和提高犬粮的营养价值，营养物质经过熟化和膨化，消化吸收率提高；三是改变密度，挤压制粒、膨化还可以调整宠物食品的容重密度，便于采购和运输；四是高温高压过程，可以杀灭各种有害菌，保证犬猫粮的安全性、卫生性。

一、工作原理

配制混合好的并经过粉碎的物料首先进入破拱喂料仓有待加工。工作时，喂料器把破拱喂料仓中的物料均匀而连续的喂入双轴差速调质器进行调质，在物料进入调质器的同时，向调质器中加入均匀、连续并计量的蒸汽、水和其他液体添加物。宠物配方中有时添加鲜肉，需要将肉浆均质搅拌罐、管式换热器、秤、泵送系统，加入挤压机的进口。物料在调质器中经过一定的调质时间后进入挤压总成的喂料区段开始挤压作业，物料由喂料区段输入，喂料区段主要作用是把物料输送至揉和区以及对物料的初步压缩；在揉和区段，物料经过强烈搅拌、混合、剪切等作用，物料逐渐熟化或溶化；进入最终熟化区段压力和温度进一步升高，物料进一步得到熟化，淀粉进一步糊化、脂肪和蛋白质变性，组织均化并形成非晶体化质地，最终物料通过出料总成挤出、切割成型。

挤压总成的3个分区可根据生产的需要可进行相应的调整。螺杆的输送作用推动着物料流过整个挤压腔，螺杆旋转运动所产生的机械能由于物料与挤压机各部件之间的摩擦以及物料内部摩擦而转化为热能。挤压螺杆的转速是可调节的，因此在工作过程中根据加工要求可调节挤压作用强度，从而可控制产品密度和熟化程度。物料在被挤压通过机腔末端的模孔时，使面团状的物料被加工成一定的形状。由于机腔内螺杆的巨大推进和搅拌作用，导致物料内形成一定的压力和温度，从而使这些物料从模孔中挤出来后或瞬间内汽化掉物料中大量的水分产生大量膨胀，或少量闪失水分产生微弱膨胀。这可根据产品要求，通过严格控制各项操作参数来实现的。在生产低密度产品时，依赖于物料的构成特性，以及在挤压操作过程中所使用的各种条件，物料会发生大量的膨胀并保持相应的形状和尺寸。在生产高密度产品时，依赖于挤压腔上设置的泄压口，以及在挤压操作过程中所使用的各种条件（包括增加水分、降低挤压强度和温度等），使产品不至于发生大量的膨胀。

二、挤压膨化的宠物食品的分类

挤压膨化的宠物食品一般分为干膨化宠物食品、半干半湿宠物食品和软膨化宠物食品等。

（1）干膨化宠物食品通常含水6%~12%，一般由小麦、玉米、大豆产品、动物蛋白、油脂、矿物质和维生素添加剂等为原料膨化烘干而成。犬干粮粗脂肪为5%~12%，粗蛋白为18%~30%（均以干物质计）；猫干粮粗脂肪为8%~12%，粗蛋白为30%~36%（均以干物质基计）。通常挤压膨化后在宠物食品表面喷涂油脂或风味剂再进行烘干冷却。挤压水分为20%~25%，成品容重一般为350~450克/升。干膨化宠物食品由于水分含量较低，有利于包装和储运。

（2）半干半湿宠物食品的原料除了干膨化的原料外，还有肉类或肉类副产品的浆液。干料和肉浆的比例为（1:1）~（4:1）。当干湿料比例为4:1时，一般是在混合机中进行充分混合后进行连续的蒸煮挤压；当干湿比例达到（2:1）~（1:1）时，肉浆一般采用计量泵泵送到挤压机上方的连续式调质器中，同时加入蒸汽和水与干物料进行混合调质，再进入挤压机中进行连续的蒸煮挤压。

半干半湿宠物食品与干膨化宠物食品的区别在于其通过挤压机挤压的目的不是膨胀，而是通过挤压机进行充分的蒸煮，并通过挤压机的出料模具进行成型。其挤压水分为30%~35%，成品容重为450~580克/升，通过添加盐类、糖类、酸类和防腐剂等物质来降低水活性。

（3）软膨化宠物食品的配方成分与半湿宠物食品相近，油脂含量高于干膨化宠物食品，同时经过挤压后需要有一定的膨胀度。因此在设备上除了能够添加蒸汽和水进行混合的调质器外还需要挤压机配备较强剪切力的螺杆配置，一般不需要烘干机干燥，只需要冷却器冷却。其成品水分在27%~32%，产品容重在420~480克/升。

三、宠物犬猫粮的挤压膨化设备

第一部分所述三种宠物食品所涉及的膨化机系统都是一样的，膨化机系统的机械设备部分主要由喂料仓、喂料器、调质器、膨化机主机、管路架等5大部分组成。如图2-1-35所示。系统之外还可选电气控制部分和肉浆添加系统与之配套。

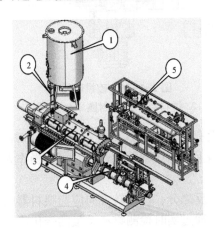

图2-1-35　膨化机总体结构
1. 喂料仓　2. 喂料器　3. 调质器　4. 膨化机主机　5. 管路架

配制混合好的物料首先进入破拱喂料仓有待加工。工作时，喂料器把破拱喂料仓中的物料均匀而连续的喂入双轴差速调质器进行调质，在物料进入调质器的同时，向调质器中加入均匀、连续并计量的蒸汽、水和肉浆等液体添加物。

物料在调质器中经过一定的调质时间后经过旁通进入挤压总成的喂料区段开始挤压作业，物料由喂料区段输入，喂料区段主要作用是把物料输送至揉和区以及对物料的初步压缩；在揉和区段，物料经过强烈搅拌、混合、剪切等作用，物料逐渐熟化或溶化；进入最终熟化区段压力和温度进一步升高，物料进一步得到熟化，淀粉进一步糊化、脂肪和蛋白质变性，组织均化并形成非晶体化质地，最终物料通过出料总成挤出、切割成型。

（一）喂料仓

喂料仓主要由仓体、搅料器、密封圈、减速器、电机等组成。挤压机在工作时，保证物料连续稳定地喂入是非常重要的，如果喂料量不稳定，会造成挤压工作不稳定，挤压产品品质不均一；如果断料，很可能造成堵机，使生产停顿。用于挤压产品的原料粉碎粒度较小、油脂含量高或水分含量高时，流动性不好，在仓中易结拱，容易造成喂料不稳定和断料。该破拱喂料仓是专门为解决这种问题而设计的。其主要结构如图 2-1-36。

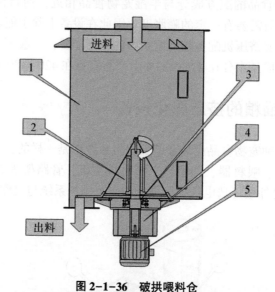

图 2-1-36 破拱喂料仓
1. 仓体 2. 搅料器 3. 密封圈 4. 减速器 5. 电机

仓体为圆桶形，仓底设有搅料器，这种设计可保证物料能连续稳定地喂入下道工序。仓体有一定的仓容，当上道工序不能供料时，可为操作人员提供足够的时间去排除故障。

搅拌器的旋转方向有正反之分，其旋转方向应与喂料器的出料方向一致。破拱喂料仓一般会配有称重传感器，通过实时检测物料重量的变化值来换算为挤压机的产量。

破拱喂料仓参数如下（表 2-1-10）。

表 2-1-10 破拱喂料仓参数

设备名称	设备型号	电机功率	仓 容
破拱喂料仓	TXLP120B	2.2 千瓦	1.8 立方米

（二）喂料器

喂料器的主要作用是定量地向调质器中送料，匹配电机为变频调速电机，其转速可根据生产具体情况进行调整。喂料器主要由轴承密封、筒体、绞龙、清理门、链传动、变频调速电机等组成。如图 2-1-37 所示。考虑到清理需要，在喂料器筒体上部设有清理门。

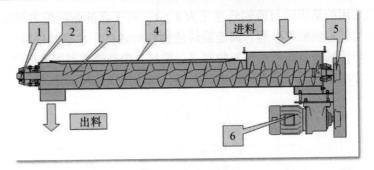

图 2-1-37　喂料器

1. 轴承密封　2. 筒体　3. 绞龙　4. 清理门　5. 链传动　6. 变频调速电机

喂料器是采用变频调速控制喂料量。不同的频率对应了不同的喂料量，变频器控制频率的变化是线性的，但是物料的流量并非线性的，会在喂料器转速对应的流量上下波动，引起流量差异的因素主要有以下 3 点。

（1）不同配方的容重差异。

（2）物料不同粉碎细度的容重差异。

（3）喂料仓中物料的多或少造成喂料器中物料的容重差异。

（三）调质器

这里介绍的是一种双轴差速桨叶式调质器，从外观结构上看其主要有传动箱、水添加管路、调质器壳体、排汽筒、温度传感器、门、蒸汽添加管路和支撑架等部分组成。如图 2-1-38 所示。

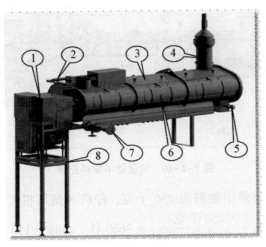

图 2-1-38　双轴差速调质器外观结构

1. 传动箱　2. 水添加管路　3. 调质器壳体　4. 排汽筒　5. 温度传感器
6. 门　7. 蒸汽添加管路　8. 支撑架

调质器与物料接触的金属材质使用不锈钢，其内部结构原理见图 2-1-39。调质器内部主要由轴承，调质器壳体，长桨叶，慢轴，短桨叶，快轴和传动支撑装置组成。目前市场上普遍采用的是快轴与慢轴转速比为 2∶1，对于高油脂的配方可能会用到更高的速比。两根搅拌轴快轴桨叶短，高速旋转使物料与蒸汽、水或其他液体能充分混合，慢轴桨叶长，与快轴作背交叉运动对物料进行搅拌，提高调质器的充满度，使物料在一定温度和一定含水率的条件下保持足够的时间，以达到预熟化的目的。

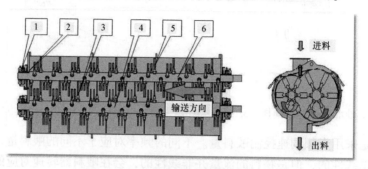

图 2-1-39　双轴差速调质器内部结构
1. 轴承　2. 调质器壳体　3. 长桨叶　4. 慢轴　5. 短桨叶　6. 快轴

在正常生产过程中，同时突然停止进料口的喂料和调质器的运转，物料在调质器壳体内的充满情况如图 2-1-40 所示。由于进料口桨叶向前推进，出料口桨叶向后推进，物料在调质器中呈现一种波峰的状态。而调质器调质时间的计算方法也是采用图 2-1-39 中的这部分物料与突然停止时的挤压机产量的比值换算得来的。

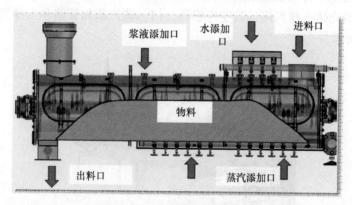

图 2-1-40　调质器中物料充满

假设图2-1-39调质器中物料为 250 千克，停机时挤压机实时产能为 5000 千克/小时，那么调质时间为 $\dfrac{250\ 千克}{5000\ 千克/小时} \times 3600\ 秒/小时 = 180\ 秒$ 。

调质处理的优点：

①生产能力得到提高。因为使用蒸汽对物料进行部分蒸煮，使得将产品加温至最高温度所需的机械能要少得多，因而对一个给定功率的设备而言，生产能力要比具有相同功率的干式挤压机要高得多。

②成型的能力更大。蒸汽和水的使用使得物料的水分含量得到提高，这就大幅度改进了产品的成型性能以及产品最终的品质。

③挤压件的磨耗减少。由于蒸煮过的物料已具有相应的温度和熟化度，因此其在机腔内无须很高的压力及摩擦力，同时水分起到润滑作用，这些都大大降低了摩蚀，从而使机腔及螺杆寿命得到提高。

④有效的混合能力。调质器相当于一个连续混合机，调质的同时可以将加入的肉浆与物料进行有效的混合。

⑤产品的范围得到增加。由于"蒸汽煮作业"所提供的经改良的各种物理性能，使挤压机能够生产更加广泛的产品。

（四）挤压膨化机

膨化机主机是整个膨化机系统工作的核心，其主要由变频电机、减速箱、电气控制箱、旁通、挤压总成、出料总成、切割总成、主机管路等组成（图 2-1-41）。

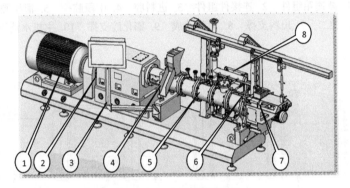

图 2-1-41　膨化机主机
1. 变频电机　2. 减速箱　3. 电气控制箱　4. 旁通　5. 挤压总成
6. 出料总成　7. 切割总成　8. 主机管路

调质器调质完的物料经过旁通进入挤压总成进行挤压熟化，从出料总成挤出由切割总成切割成型。变频电机提供主机动力，主机转速由变频电机通过减速箱减速后得来。在生产过程中，主机管路为膨化机提供水和蒸汽，膨化机系统的启动与停止，以及物料的流量、水和蒸汽的添加量等所有涉及膨化机系统的操作都由电气控制箱来控制。

1. 挤压总成

膨化机中的最核心部件是挤压总成，挤压总成中的挤压腔采用分段式组合结构，内孔的横断面呈"8"字形，每段腔体有独立的夹套外腔，可利用夹套外腔对该段腔体进行加热或冷却。同时在每段腔体上配有注入孔和注入装置，利用这些装置可直接向膨化腔体内添加水、蒸汽及其他液体。挤压总成外形结构见图 2-1-42。

挤压腔采用分段式组合结构，内孔的横断面呈"8"字形，每段腔体有独立的夹套外腔，可利用夹套外腔对该段腔体进行加热或冷却。同时在每段腔体上配有注入孔和注入装置，利用这些装置可直接向膨化腔体内添加水、蒸汽及其他液体。外形结构见图 2-1-43。

挤压总成中挤压螺杆的设计和加工水平能够体现整台挤压机的水准。挤压螺杆的结构形式是分节带空心螺旋组装式，采用花键定位，由于该结构螺杆具有通用性和互换性

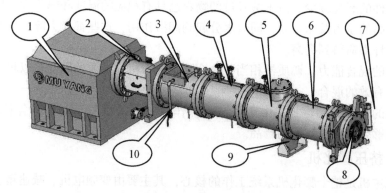

图2-1-42　挤压总成结构

1. 减速箱组件　2. 连接件组件　3. 进料腔　4. 中段腔一　5. 泄压腔

6. 中段腔二　7. 出料支撑　8. 出料总成　9. 膨化腔支撑　10. 主机水清洗管路

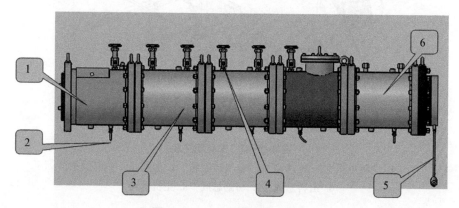

图2-1-43　分段组合膨化腔体

1. 进料腔　2. 温度传感器　3. 中段腔　4. 水汽阀　5. 压力传感器　6. 出料腔

的特点，可根据加工物料品种和配方的要求进行螺杆组合来提供不同的剪切力。外形结构见图2-1-44。

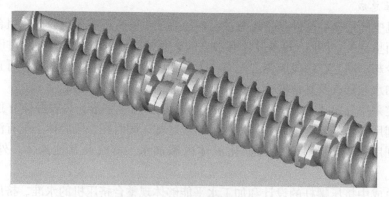

图2-1-44　挤压螺杆外形

2. 切割总成（图 2-1-45）

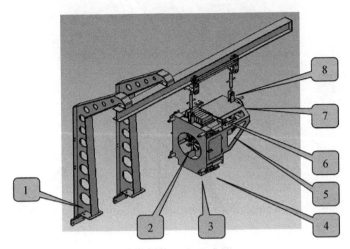

图 2-1-45　切割总成
1. 支撑架体　2. 旋转切刀　3. 定位销　4. 扣紧拉手
5. 变频电机　6. 锁紧手柄　7. 前后调节手轮　8. 上下调节把手

【说明】

① 切割装置是通过两个吊装连接组件吊装在架体上，通过转动吊装连接组件可以实现切割装置高度的调整。

② 通过吊装调节组件上的滚轮可实现切割装置沿架体上的轨道前后移动。

③ 生产时，切割装置通过 4 个定位销定位在膨化机上，并用对应的 4 个扣紧拉手锁紧。

④ 调节刀片前后位置时，转动调节手轮，与调节手轮固定的调节螺杆带动滑套体前后滑动，从而实现切刀的前后调节。

⑤ 切割装置系由切刀和变速传动装置组成。通过调节切刀转速，控制被切割物料的长度。变速传动采用变频调速电机，通过刀杆带动切刀旋转。牧羊 120/14D 膨化机提供了两种切刀，一种为厚刀片，用于切割大颗粒的膨化料（颗粒直径大于 3 毫米）；另一种为弹性薄刀片，用于切割小颗粒的膨化料（颗粒直径不大于 3 毫米）。

【特点】

① 在膨化机运行过程中能够调节切刀转速、可以调整切刀与模板端面的距离的切割装置。

② 安装方便，减少工作强度、时间。

旋转切刀结构见图 2-1-46。

3. 出料总成

挤压机腔体中经过挤压熟化的物料必须通过一个出料装置来成型，该出料装置首要作用是限制物料的流动，建立位于膨化腔末端使物料膨化所必需的压力。出料装置的结构及模具的选择的优劣直接影响到物料的品质高低。

本机出料总成配用文丘里，它一方面能增加膨化腔末端的约束力，即增加膨化腔中

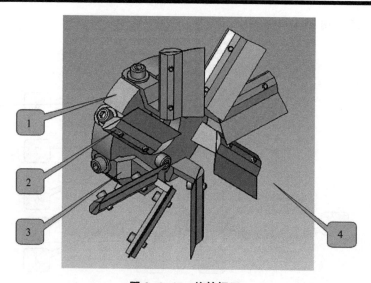

图 2-1-46　旋转切刀
1. 刀座 8 位或 6 位　2. 压板　3. 刀架　4. 薄刀片 0.8 或 0.5

物料的压力，另一方面又能对从膨化腔中挤出的不均匀分布在整个端面的料流进行整流，使之均匀分布在与文丘里相连的模板上，从而保证物料从模板孔挤出的均匀性，其结构如图 2-1-47 所示。

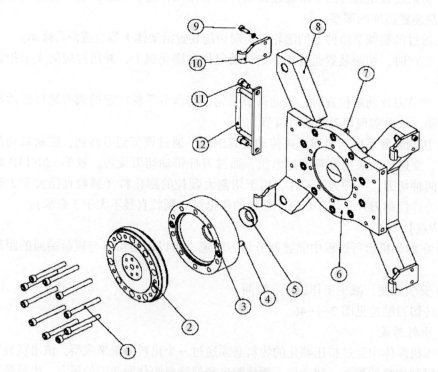

图 2-1-47　出料总成
1. 螺钉　2. 模板组件　3. 文丘里　4. 螺钉　5. 调压环　6. 固定架
7. 螺钉　8. 切割装置支撑架　9. 螺钉　10. 挂钩　11. 螺钉　12. 拉手

4. 旁通

旁通位于双轴差速调质器出料口与膨化腔进料口之间。通过旁通可以选择从调质器出口流出物料的流向。

（1）流入挤压膨化腔进行挤压膨化。

（2）经过旁通的溜槽流出作废料处理。

旁通的控制方式采用气动控制方式。旁通翻板使用汽缸驱动，与汽缸配套的电磁阀由触摸屏电控系统控制。

配制旁通的作用：一是开机初始把调质器中未调质好的或把未调质稳定的物料由溜槽排出，以免这些性质不均一的物料进入挤压总成造成系统工作的不稳定。二是在设备生产过程中出现异常，造成负载不稳定以及主电机超正常工作电流时，可通过打旁通的操作方式及时处理，以免造成设备过电流、堵机等情况。其结构见图2-1-48。

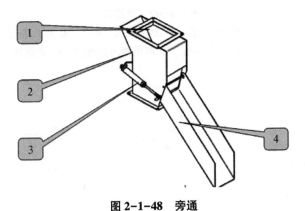

图2-1-48　旁通
1. 旁通进料口　2. 喂料壳体　3. 气缸　4. 溜槽

（五）管路架

管路架（图2-1-49）为整个膨化机系统提供水和蒸汽，它分为3个部分：水路、汽路和架体，水路在管路架的下方，汽路在其上方。一般管路架都包含分汽缸、安全阀、水汽的比例控制阀和流量计。

带自动控制系统的管路架可以设定流量来自动控制比例调节阀的开度。计算机直接控制"流量控制"单元，再通过"流量检测"单元给计算机反馈信息，从而形成闭环控制。如图2-1-50所示。

一般配套自动管路架的膨化机采用触摸屏控制，需要安装一个带触摸屏的电气控制箱。触摸屏控制箱主要包括：触摸屏、膨化腔温度显示仪表、调质器温度显示仪表、门锁扣、电源开关、切刀调速旋钮、紧急按钮、物料称重显示和报警器。

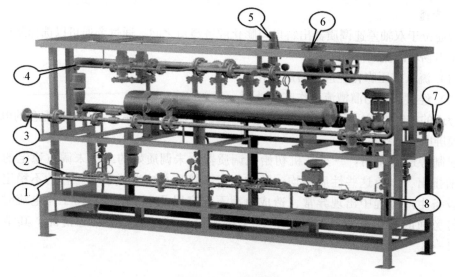

图 2-1-49　管路架

1. 进水管　2. 膨化腔内加水　3. 膨化腔内加蒸汽　4. 膨化腔夹套给汽
5. 安全阀管路　6. 主进汽阀　7. 调质器内加蒸汽　8. 调质器内加水

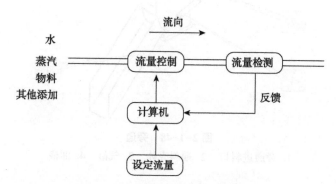

图 2-1-50　液体（物料）添加原理

四、SJPS 系列双螺杆膨化主机介绍

（一）主要用途与适用范围

SJPS 系列双螺杆膨化机广泛运用于宠物饲料行业中，挤压膨化技术相对其他技术产品具有更大的优越性，是整个生产线的核心设备。这种挤压加工在一道单一工序中综合了许多不同的设备的功能，不同原料在膨化腔内部汇集，可以同时进行搅拌、挤压、剪切、蒸煮、成型以及一定程度上的干燥处理，为生产提供方便，也可适当调整螺杆配置，生产不配方不同类型及不同形状外观的产品，是最理想、最合理的设备（图 2-1-51）。

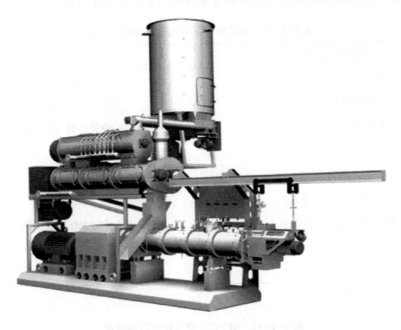

图 2-1-51　SJPS 系列双螺杆膨化机结构

(二) 主要技术参数

1. 型号说明（图 2-1-52）

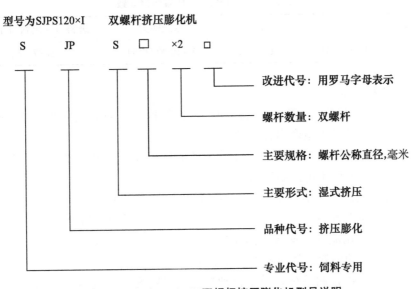

图 2-1-52　SJPS120×2I 双螺杆挤压膨化机型号说明

2. 双螺杆挤压膨化机主要技术参数（表2-1-11至表2-1-13）

表2-1-11　双螺杆挤压膨化机主要技术参数

公称直径（毫米）	120
长径比（长/直径）	16
主轴动力（千瓦）	200（5~100赫兹）
切割速度（转/分钟）	150~2900转/分钟可调（5~100赫兹变频）
切割器动力（千瓦）	4.0
调质器	双轴差速
调质器动力（千瓦）	18.5+7.5
螺旋喂料器动力（千瓦）	1.5（5~100赫兹变频）
喂料仓动力（千瓦）	2.2
油泵动力（千瓦）	1.1

表2-1-12　SPTZ33型三轴调质器参数

设备名称	设备型号	电机功率	调质时间	调质器机体长
双轴差速调质器	SPTZ33	18.5+7.5千瓦	3~5分钟	2200毫米

表2-1-13　TWLL17D喂料器参数

设备名称	设备型号	电机功率	输送能力	进料口与出料口中心距
喂料器	TWLL17D	1.5千瓦	1~10吨/小时	1687毫米

3. 设备功能介绍

（1）设备的多功能性。采用独特的组合螺杆结构，只需更改一些简单的螺杆配置或改变生产加工参数就可生产多种多样的产品。

（2）产品的独一性。本挤压作业能够生产的产品及产品的形状往往是其他技术手段非常困难或者根本就不可能生产的。

（3）产品的高品质。本挤压作业能够被作为一种高温短时的非常有效的加工手段，在有效地降低产品中各种抗营养因子及消灭细菌的同时具有更佳的营养改善。

（4）有效地利用能量。本挤压作业的蒸煮工序能很大程度上熟化物料，充分地利用蒸汽，减少电能的消耗，从而减少了加工成本。

（5）便捷精确的控制系统。采用自动控制，可精确地控制各种物料的流量以及各种物料的流量比例，可记录各种加工参数，以便为以后的生产或调整加工参数提供依据。

（6）最少量的工业废水。

第四节 干燥设备与工艺

在宠物犬猫粮生产工艺中，干燥机作为最重要的辅助设备，干燥效果的好坏直接影响着产品的最终品质。干燥可以增进日粮稳定性，延长存放期；防止微生物的生长和产生毒素；促成日粮物理性能改变（如硬度、味觉、密度等）；降低物料的黏性，便于后道的加工。

常用的干燥机主要分为卧式履带干燥机和立式连续干燥机两种，其中卧式干燥机在宠物粮生产中较为常见。

一、带式分区干燥机

带式分区干燥机是一种卧式总体布局的通用干燥设备，因其具有结构简洁，控制可靠，操作方便直观，对颗粒表面无损伤，保持物料颗粒外观，干燥质量柔性调节，热交换效率高及水分相对均匀等特点，符合了当前高效、节能和环保的趋势，在宠物粮干燥工艺中得到了广泛的应用。

（一）主要结构

干燥机主机主要由摊布器、进料段、干燥段、回料段、输送带、支脚等主要部件组成；具体结构如图 2-1-53 所示。

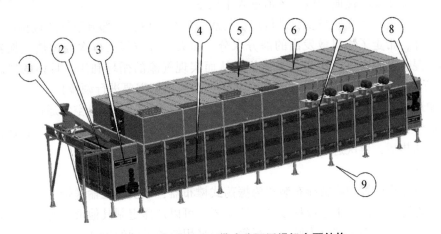

图 2-1-53 SDZB3000 带式分区干燥机主要结构
1. 摊布器 2. 进料段 3. 输送带 4. 干燥段 5. 排风风门 6. 进风风门
7. 循环风机 8. 回料段 9. 支脚

SDZB3000 型分区带式干燥机是一种卧式干燥机，以加热的空气为干燥介质，采用穿流（热空气流动方向与物料前进方向呈"十"字交叉状，即 crossflow）干燥方法，使物料与热空气在干燥机内实现湿热交换，借以去除物料中的多余水分，使之达到成品所需的水分要求。基于烘干特性曲线及物料特性，该型烘干机分为 3 个温区，3 个温区完全独立控制温度。

（二）带式分区干燥机工作过程和原理

上游膨化机生产的合格物料通过摊布器均匀撒落在输送带上，物料随输送带进入干燥段；循环风机鼓出的热空气，进入干燥段，并穿过输送带上的物料，实现物料与空气间的湿热交换；经过干燥的物料在回料段折返；经过两层输送带干燥的物料在干燥机进料段排出（图 2-1-54）。

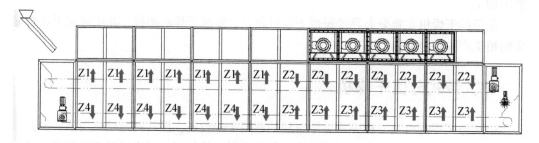

图 2-1-54　分区干燥机工作原理示意
1. 摊布器　2. 进料段　3. 物料　4. 热空气　5. 循环风机　6. 干燥段　7. 输送带　8. 回料段

1. 循环风路

空气在经过位于干燥段顶部的热交换器加热后，在循环风机的推动下，沿干燥段侧面的内置风道进入干燥室。空气在经过位于干燥段顶部的热交换器加热后，在循环风机的推动下，沿干燥段侧面的内置风道进入干燥室。

在输送带上干燥介质与物料进行热量与水分的交换后，一部分空气通过排风风门排出干燥机外，带走了物料散发出的部分水分。而大部分空气会再次经过热交换器的加热，同时混合新鲜空气再次进入干燥机，从而实现气流的循环利用，具体的风路如图 2-1-55 所示（注：图中风路仅供参考，实际风路可根据需要进行调换）。

在输送带上干燥介质与物料进行热量与水分的交换后，一部分空气通过排湿风门排出干燥机外，带走了物料散发出的部分水分。而大部分空气会混合新鲜空气再次经过热交换器的加热后，再次进入干燥机，从而实现气流的循环利用。

2. 摊布器

干燥机标准配置的物料摊布装置为振荡式摊布器，以实现在输送带上获得均匀厚度的料层。为适应不同的工艺流程或者安装需要，可以选择定制其他形式的摊布装置。振荡式摊布器的主要功能部分为倾斜的料管。由采用链条带动的连杆驱动，料管做往复振荡运动，其振荡幅度可调。摊布器的往复振荡的轨迹，结合输送带的直线运动，可以获得良好的物料摊布效果。

干燥机标配的布料装置为振荡式摊布器，通过 PLC 控制以实现在输送带上获得均匀厚度的料层。为适应不同的工艺流程或者安装需要，可以选择定制其他形式的布料装置。振荡式摊布器由料槽、支架、驱动装置、连杆、立轴等主要部件以及其他辅助结构组成，具体结构如图 2-1-56 所示。

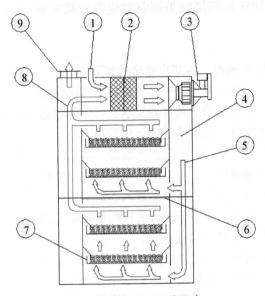

图 2-1-55　循环风路示意

1. 新鲜空气　2. 热交换器　3. 循环风机　4. 内置风道

5. 热空气　6. 中间隔板　7. 输送带　8. 循环尾气　9. 排风风门

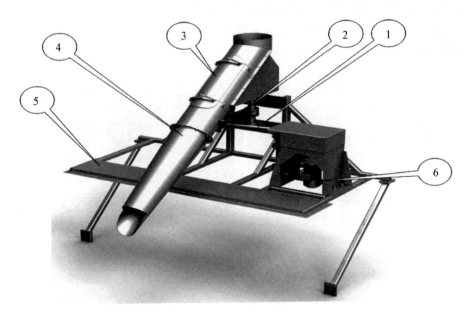

图 2-1-56　摊布器结构

1. 连杆　2. 幅度调节板　3. 检修窗口　4. 料管　5. 支架　6. 驱动装置

　　振荡式摊布器的主要功能部分为倾斜的料管。由采用链条带动的连杆驱动，料管作往复振荡运动，其振荡幅度可调，振荡速度可通过 PLC 控制。摊布器的往复振荡的轨迹，结合输送带的直线运动，可以获得良好的布料效果。SDZB3000 型干燥机所使用的摊布器在原有摊布器的优势下，采用了八段控制法，将运转的一个周期分成了部分，可根据输送带上不同区域实际料层效果调整对应位置减速机转速，实现物料摊布的均匀性。

3. 进、回料段

（1）进、回料段结构相似，各部功能简述如下。

①机架为型钢框架，内外蒙皮，中间为玻璃纤维隔热层。

②设有输送带的主、从动轴及其可调支承，可张紧输送带链条。

③设有输送带驱动电机，提供输送带运转的动力。

④设有若干个固定挡风装置和活动挡风装置，防止热风大量外溢。

⑤设有大开门的端部检修门，便于用户对设备检修维护。

⑥进料段设有出料口，排放合格产品进入下道工序。

⑦回料段设有清粉绞龙，用于干燥机底板羁留粉尘的排出。

（2）进料段结构与各部功能简述如下：

①进料段机架为型钢框架，内外蒙皮，中间为玻璃纤维隔热层。

②设有输送带的主动轴及其固定支承。

③设有输送带的从动轴及其可调支承，可张紧输送带链条。

④设有大开门的端部检修门，便于用户对设备检修维护。

⑤设有若干个固定挡风装置和活动挡风装置，防止热风大量外溢。

⑥设有输送带驱动电机，提供输送带运转的动力。

⑦设有出料口，排放合格产品进入下道工序。

进料段具体结构如图 2-1-57 所示。

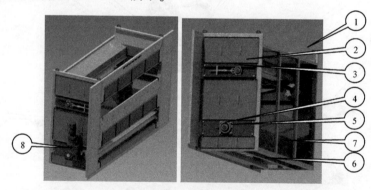

图 2-1-57　进料段结构
1. 进料段机架　2. 可调支承　3. 从动轴　4. 主动轴　5. 固定支撑
6. 出料口　7. 端部检修门　8. 驱动装置

（3）回料段结构与各部功能简述如下。

①回料段机架为型钢框架，内外蒙皮，中间为玻璃纤维隔热层。

②设有输送带的主动轴及其固定支承。

③设有输送带的从动轴及其可调支承，可张紧输送带链条。

④设有大开门的端部检修门，便于用户对设备检修维护。

⑤设有若干个固定挡风装置和活动挡风装置，防止热风大量外溢。

⑥设有若干输送带驱动电机，提供输送带运转的动力。

⑦设有清粉绞龙，用于干燥机底板羁留粉尘的排出。

⑧设有打散装置，用于使结团物料分离，提高热风穿透效果，有利于烘干均匀性。

回料段具体结构如图 2-1-58 所示。

图 2-1-58　回料段结构

1. 驱动装置　2. 回料段机架　3. 清粉绞龙　4. 端部检修门

5. 主动轴　6. 可调支承　7. 从动轴　8. 固定支承　9. 打散装置

4. 干燥段

干燥机由若干干燥段组成，具体结构如图 2-1-59 所示，干燥段结构与各部功能简述如下。

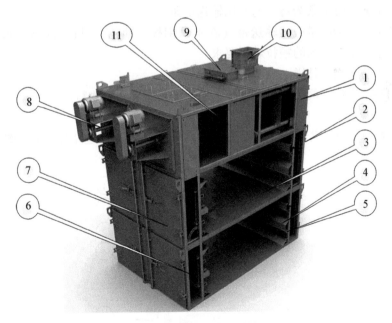

图 2-1-59　干燥段结构

1. 上机箱　2. 下机箱　3. 中间隔板　4. 挡料板　5. 导轨　6. 活动门

7. 中部检修门　8. 循环风机　9. 进风风门　10. 排风风门　11. 热交换器

①干燥段上机箱，内置蒸汽热交换器，干燥所需气流的进出、排放、加热均在此完成。

②干燥段下机箱，中部检修门和内部活动门之间组合成内置风道。

③顶部进风风门，控制补充新鲜空气的量。

④顶部排风风门，控制干燥后废气排出干燥机的量。

⑤下机箱内部设有中间隔板，形成上、下两个干燥室。

⑥干燥机内部设有若干个导轨，用以承托输送带的链条。

⑦设有若干挡料板，防止输送带上的物料在干燥过程中溢出。

⑧设有若干循环风机安装板，有时需要在其中的几块上安装温度传感器，测量热风温度。

干燥段由若干小干燥段组成，为方便交流统一称谓，自"进料段"起至"回料段"分别命名为："干燥段Ⅰ"，"干燥段Ⅱ"，"干燥段Ⅲ"，……，以此类推。

5. 输送带

（1）干燥机通常设有二层或者四层输送带，输送带结构与各部功能简述如下。

①干燥机输送带链条为特制的专用输送链条。

②输送带筛网为方孔编织网，用以承托物料通过干燥室，其材质可根据需要选择。

③外护板防止物料及热风外溢。

④清扫器用于清理两个干燥室底板上羁留的粉尘和残留物料。

（2）输送带结构与各部功能简述如下。

①干燥机输送带链条为特制的专用输送链条。

②输送带标配为履带板式输送带（在不锈钢板上冲孔），可选配高抗水解聚酯网，以满足粒径小于 2.0 毫米的颗粒烘干要求。

③小护板防止物料外溢。

④清扫器用于清理两个干燥室底板上羁留的粉尘和残留物料。

6. 挡风装置

挡风装置用于隔开烘干机内部风道区域，以及在料层厚度过高时微调（图2-1-60）。

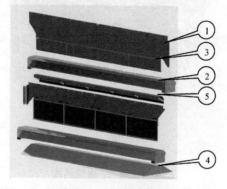

图 2-1-60　挡风装置

1. 活动挡风装置　2. 网间挡风装置　3. 摆动挡板　4. 导向梯台　5. 清扫器导向组件

7. 支脚

支脚用于承托干燥机自身重量和工作时所承载的物料的重量，其高度可以微调，以适应安装场地产生的微小不平整。支脚具体结构如图2-1-61所示。

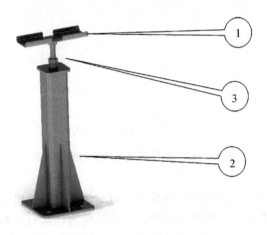

图 2-1-61　支脚结构
1. 托臂组件　2. 支座组件　3. 螺母 M24

8. 蒸汽供应系统

蒸汽供应系统是干燥机的热能来源，安装时在干燥机的楼层应安置一分汽包，工作时分汽包的蒸汽压力不得低于0.8兆帕；在蒸汽调节阀附近，应预留有压缩空气气源，压力不得低于0.4兆帕；蒸汽调节阀进气管前需配备（含减压阀与汽水分离器的）气源处理二联件；疏水管路安装斜度1：100，可根据干燥机现场安装情况，将疏水管串联成一路；旁通支路应水平于或高于疏水阀，以防止旁通管路内积水；管路中若遇有变径的；禁止将不同直径的两管对接处作同心圆焊接，防止大管内积水。

（三）带式干燥机运行参数的调节

1. 料层厚度

输送带采用变频电机驱动，调节电机的频率，可以方便地控制干燥机内输送带上的料层厚度。上下料层需分别控制，由于进机时的颗粒饲料水分较高，设置时上料层速度快些，这样颗粒饲料的料层薄，热风穿透性好，保证刚进机的颗粒饲料水分的迅速去除；下层料层速度相对慢些，料层相对较厚，保证充足的干燥时间。需注意的是，虽然根据经验，干燥时间长总是好的，但是电机的频率太慢，会造成输送带上的料层堆积厚度过大，将使得热风不易穿过物料，影响干燥效果；而料层太薄，会出现风路短路。在实际生产中推荐料层厚度5~20厘米（物料的特性、颗粒大小及水分降幅等影响料层的厚度）。图2-1-62反映的是料层厚度对烘干时间的影响。

2. 干燥温度

干燥温度的控制直接关系着蒸汽供应系统的能耗与运行成本，干燥温度的调整也要取决于颗粒饲料的物理特性，在开始调试时可按产品可以允许的最高温度进行，有了一

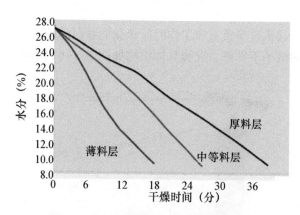

图 2-1-62　料层厚度与烘干时间的关系

定的操作经验后，在保证产品品质的前提下，可尽量降低干燥机运行的温度。操作人员需做好每班的生产操作记录，摸索出适合自己产品的最佳运行参数。图 2-1-63 为某低档草鱼料的干燥温度与干燥时间曲线。图 2-1-64 为干燥温度的控制原理。

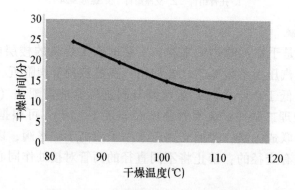

图 2-1-63　干燥温度与干燥时间的关系

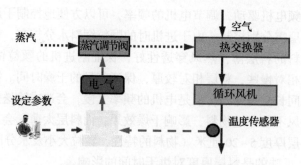

图 2-1-64　干燥温度的控制原理

3. 干燥机的热风气流

干燥机的内部及外部均设有许多风道及调节风门，设备出厂前都已预先设置好，均衡的气流对于产品质量非常重要。干燥时两侧循环气流的大小会直接影响带宽上颗粒饲料水分的均匀性，在实际运行中要求，最终出机水分的差异不得超过2%。在实际生产中需要根据具体颗粒饲料的特性，调节两侧风门的大小。对于小规格颗粒饲料，可适当减小其开度，以免将物料吹出输送带。排湿风门大小的控制也影响着颗粒饲料的最终出机水分，靠近进料段的排湿风门需开大，以保证水分被排湿风网及时地带走。

二、连续立式烘干机

连续立式烘干机（图2-1-65）相比卧式干燥机具有更加节能的优点，因为立式干燥机为内部循环，热气流经过的区域封闭，无开放漏能，最干燥的产品与最干燥的气流接触，充分热交换。卧式干燥机蒸发1千克水分需要消耗的能量为3000~4500千焦（200~250千克蒸汽），立式干燥机蒸发1千克水分耗能低于2700千焦（170千克蒸汽）。

图2-1-65　连续立式烘干机结构

（一）主要结构

立式干燥机主机主要由布料器、上箱体、翻板框架机构、下料斗、液压站、支脚等主要部件组成。具体结构如图2-1-66所示。

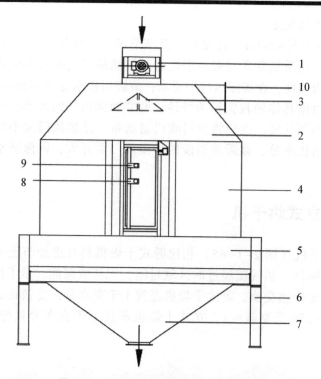

图 2-1-66　立式干燥机总体结构的示意

1. 旋转阀　2. 上盖　3. 布料器　4. 箱体　5. 翻板框架　6. 支腿
7. 下料斗　8. 温度传感器　9. 料位　10. 抽风口

1. 悬耙结构（图 2-1-67）

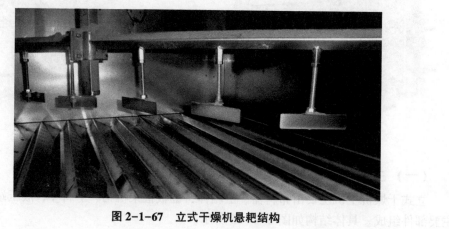

图 2-1-67　立式干燥机悬耙结构

2. 翻板机构（图2-1-68，图2-1-69）

图 2-1-68　翻板关闭状态

图 2-1-69　翻板开启状态

（二）工作原理

　　颗粒产品进入箱体，通过旋转阀，进入上料仓时经过分料布料器，确保颗粒料层一致，均匀分布在翻板上，热气流从翻板机构下方向上对颗粒进行干燥，被干燥气流带走的水蒸气从抽风口抽出。

第五节　喷涂和包装设备与工艺

　　喷涂也叫后喷涂，是指在膨化、烘干后对附带一定温度的颗粒料进行油脂及风味剂的添加，经过冷却，最终成品打包（图2-1-70）。喷涂设备经过一段时间的发展更新，由最初的常压喷涂发展到现在的真空喷涂，常压喷涂根据不同工艺要求又分为批次式及连续式喷涂，真空喷涂主要是分批次喷涂，由最初的立式真空喷涂发展到现在的卧式真空喷涂，相比具有更大的检修门，能够全方位进行清理，更加符合食品卫生要求。

宠物粮用设备相比饲料设备要求更高，特别是卫生要求，膨化后的工段，与物料接触部分为不锈钢材质，设备结构设计都要考虑无残留、易清理、不能感染沙门氏菌为原则，达到食品卫生要求。喷涂油脂及风味剂让颗粒料更营养，外观更光滑美观，使产品在市场上更有竞争力。

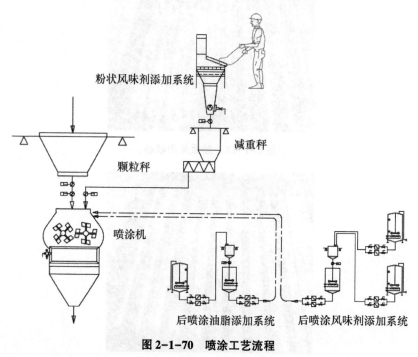

图 2-1-70　喷涂工艺流程

一、喷涂主机介绍

（一）PTWL 系列连续式喷涂机（图 2-1-71）

1. 主要用途与适用范围

图 2-1-71　PTWL 系列连续式液体喷涂机结构

PTWL 系列连续喷涂机广泛运用于饲料行业中，不仅可以往膨化颗粒饲料中添加喷涂油脂、酶制剂、维生素、抗氧化剂、氨基酸等液体；也可以用于喷涂那些密实性高，虽然喷涂比例不高但普通表面喷涂效果不好的颗粒料（图 2-1-72）。

图 2-1-72　连续式液体喷涂机

2. 主要特征与功能

（1）离心雾化，无油雾损耗油液通过离心雾化盘高速旋转，使其雾化，没有油雾损耗。无需喷嘴，不存在喷嘴堵塞的问题。

（2）双螺带混合混合机转子采用螺带双转子，促进物料喷涂后的混合，提高喷涂效果。

3. 概要说明与主要结构

（1）概要说明通过喷涂机的颗粒料流大小由变频器控制，经冲量秤称量计量，再由撒料盘控制，形成均匀的料帘，通过雾化区，被喷涂到液滴，被喷涂后的颗粒再经螺带双转子混合后，排出喷涂机。喷涂的液体量根据经过的颗粒量，由变频泵控制量的大小，流量计计量，保证计量的准确性。液体进高速雾化盘雾化，形成细小的雾化颗粒，喷涂到颗粒表面。

（2）主要结构连续喷涂机主要由变频关风器、冲量秤（颗粒计量）、喷涂仓段、混合仓段、液体计量管路组成（图 2-1-73）。

4. 生产工艺

物料喷涂流程喷涂机由关风器控制喂料速度，经冲量秤实时称量后，进入喷涂仓段。同时，程序根据实时称量的物料量，和流量检测的油量，自动设定、调整供油速率（图 2-1-74）。

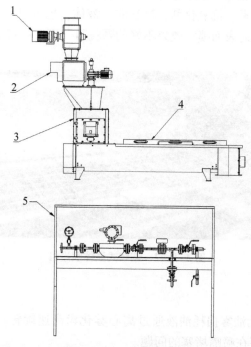

图 2-1-73　连续喷涂机
1. 变频关风器　2. 冲量秤　3. 喷涂仓段　4. 混合仓段　5. 计量管路

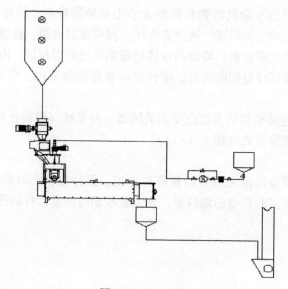

图 2-1-74　工艺

5. 主要技术参数

（1）连续喷涂机的技术参数。主要技术参数见表 2-1-14。

表 2-1-14　主要技术参数

型号 项目	PTWL260
产能（立方米/小时）	15~30
动力（千瓦）	4+1.5+3+0.75+2.2（油泵电机，用户自备）
颗粒计量精度	2%
液体添加范围	1%~6%
液体计量精度	0.8%
空机重量（千克）	1500

（2）控制操作介绍。本设备可自动/手动操作，通过控制屏幕上的手动/自动按钮切换。①手动操作将手动/自动按钮打在手动状态，即可进行手动操作。手动操作时，需要先行设定电机的运行频率，再启动各个电机，电机启动需按照如下顺序进行：混合器→雾化器→撒料器→喂料器→油泵。启动时，点下 ON 按钮，按钮显绿色，对应的电机也显淡蓝色，则表示启动完成；关闭时，点下 OFF 按钮，按钮显红色，对应的电机显灰色，则表示已经关闭（图 2-1-75）。手动设置时，需注意喂料频率与料流量关系：物料流量（吨/小时）＝喂料频率（赫兹）×1，即 10 赫兹对应 10 吨/小时。油泵频率与油流量关系：油流量（千克/小时）＝（油泵频率（赫兹）×2160）/50，及当油泵频率为 10 赫兹时，有流量 432 千克/小时。（此公式适合用于 40 泵送，电机转速为 1500 转/分钟的条件，如点击转速为 1000 转/分钟，则须将等式中 2160 改为 1440）。②自动操作将手动/自动按钮打在自动状态，即可进行自动操作。自动操作时，设备将根据待喷涂仓料位判断，实现喷涂机自动启停。自动运行时，设备将根据订单，自动设置喂料频率，油泵频率。自动操作时，需要先设置订单。点击编辑，可编辑喂料频率（喂料

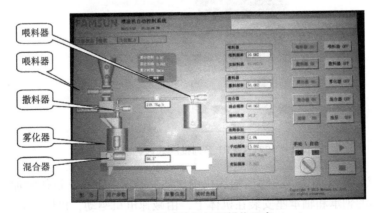

图 2-1-75　连续喷涂机控制操作示意（一）

频率与喂料量关系，参照上面的计算公式），加油比例按照配方需求填写。完成配方操作后，点击启用按钮，启用按钮亮绿色显示，则表示该配方已启用（图2-1-76）。

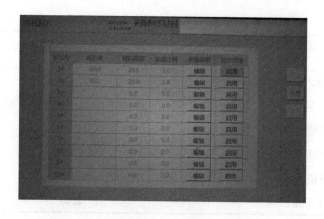

图2-1-76 连续喷涂机控制操作示意（二）

配方设置好后，回到主页面，将手动/自动按钮打在自动状态，当物料到达指定料位后，设备将自动开始喷涂。

（二）CYPJ系列批次式喷涂机

1. 主要用途与适用范围

常压批次式喷涂为宠物料行业运用最为广泛的喷涂设备，其特殊的双轴桨叶式结构，使颗粒料在机槽内与雾状液体进行充分混合，混合均匀度CV≤7%，直联双电机传动，运转柔和，最大程度减少颗粒破碎，破碎率低至0.1%，圆弧机壳，保证内部结构无卫生死角，清理时更方便，超大的双清理门设计保证能够全方位清理（图2-1-77）。

图2-1-77 CYPJ系列批次式液体喷涂机结构

（1）组成部件（图2-1-78）。喷涂机由机体、转子、上盖、液体添加装置等组成，转子通过两端的轴承和轴承座安装在机体上，由减速电机驱动，机体上装有出料门，出料门由气缸根据混合周期自动控制开、关。

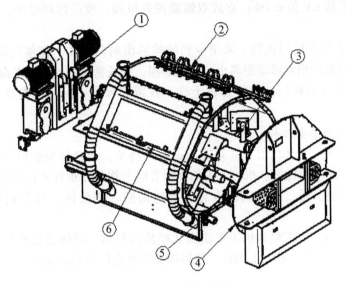

图 2-1-78 整机结构

1. 减速电机 2. 添加管道 3. 转子 4. 墙板 5. 出料门机构 6. 检修门

（2）概要说明。该机由两个旋转方向相反的转子组成，转子上焊有多个特殊角度的桨叶，桨叶带动物料一方面沿着机槽内壁逆时针旋转；一方面带动物料左右翻动；在两转子的交叉重叠处，形成了一个失重区，在此区域内，不论物料的形状、大小和密度如何，都能使物料上浮，处于瞬间失重状态，以此使物料在机槽内形成全方位连续循环翻动流动，保证物料被液体均匀喷涂。

2. 主要部件结构

（1）转子。转子由两根互成 45 度夹角的转子一和二组成，由减速电机通过链轮驱动。

（2）出料门。采用气动控制，由气缸、连杆、接头、摇臂、双联摇杆、联动轴、行程开关等组成。出料门装在联动轴上，联动轴与摇臂连接在一起，摇臂与连杆、连杆与双联摇杆相铰接，气缸往复运动，通过双联摇杆使联动轴转动，从而带动底部的两个出料门开启或关闭。

（三）PTCL 系列立式真空喷涂

1. 主要用途与适用范围

PTCL 系列立式喷涂机广泛运用于饲料行业中，往颗粒饲料中添加喷涂油脂、酶制剂、维生素、抗氧化剂、氨基酸等液体。

2. 主要特征与功能

（1）密封性好。在密闭空间完成油脂喷涂，无油雾损耗。

（2）液体添加量范围广。液体添加量范围为 1%~35%（与喷涂前物料质量的比值）。

（3）喷涂均匀性好，破碎率低。采用立式双螺旋提升机构，配合螺旋护筒，使物料能够在喷涂机内快速循环流动，并配合多组合理配置的大角度压力雾化喷嘴，确保喷涂均匀性变异系数 CV 值≤7%；立式双螺旋提升机构，输送物料柔和，确保物料的破碎率极低。

（4）专利锥形出料门机构。采用专利的锥形出料门机构，能够确保高效的密封，运动部件与密封部件相对移动距离小，降低磨损，延长密封件的使用寿命；立式的筒体结构，结合锥形的出料门，使得排料干净，残留率极低；出料门维修方便，且易于清理。

3. 概要说明与主要结构

（1）概要说明。机体内有一立式螺旋提升的转子，配合螺旋护筒，将物料提升到上部后沿圆周方向均匀抛洒。机体上盖的圆周方向上均匀分布有 8 套喷嘴，每套喷嘴位置安装有多个喷嘴，通过喷嘴的组合将大量的油脂（或液体）喷涂到被抛洒的颗粒表面。

（2）主要结构。立式喷涂机主要由立式喷涂机机体，液体添加部分两大机械结构部件组成（图 2-1-79，图 2-1-80），控制操作系统在后面单独说明。

图 2-1-79　PTCL 系列立式真空喷涂机结构

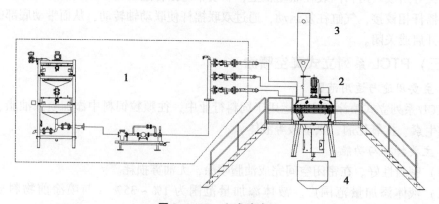

图 2-1-80　立式喷涂机

1. 液体添加部分　2. 喷涂机主体部分　3. 喷涂前缓冲仓　4. 喷涂后缓冲仓

（3）主要部件结构。

①液体添加部分。液体添加部分主要由称重筒、缓冲筒、油泵组件和过滤器组成，可选配搅拌装置，用于缓冲筒内多种液体的搅拌混合（图2-1-81）。

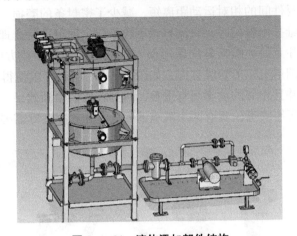

图2-1-81　液体添加部件结构
1. 搅拌装置　2. 称重筒　3. 缓冲筒　4. 油泵组件

②立式喷涂机机体部分。立式喷涂机机体有壳体、减速电机、转子、喷嘴组件、出料门机构等组成。出料门机构由出料门法兰、出料门体、气缸、导柱、橡胶护筒、出料门底圈组成（图2-1-82）。

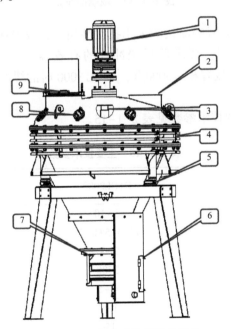

图2-1-82　立式喷涂机机体结构
1. 减速电机　2. 进料口　3. 转子　4. 机体　5. 称重传感器　6. 下检修门
7. 出料门　8. 喷嘴组件　9. 上检修门

出料门工作时由下部的气缸驱动，使出料门体能够沿着导柱进行上下运动，从而实现出料门的打开和关闭，门体开关到位时有反馈信号。出料门体呈锥形，与之相对应的出料门法兰上也加工有同角度的锥形，在该锥形密封面上嵌有密封圈，实现出料门体的密封。出料门与密封件间的相对运动距离短，减少了密封条的磨损，延长了密封件的使用寿命。每次清理维护出料门时，只需打开下检修门，即可进行清理维护，非常方便。

喷嘴安装时应注意使喷嘴喷雾的扇形面位于圆形上盖的切线方向，即喷嘴的 V 形槽位于安装位置上圆形上盖的切线方向，如图 2-1-83 所示，以使得各个喷嘴间的喷雾沿圆周切线方向，并且相邻的喷雾间有重叠，达到较好的喷涂效果。圆形上盖的圆周上布置了八组喷嘴，每组喷嘴位置有四个喷嘴的安装孔，根据实际需要使用。

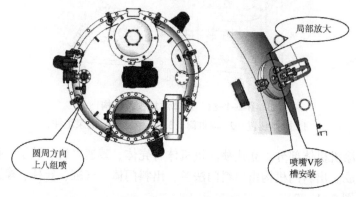

图 2-1-83　喷嘴的布置

③ 缓冲斗部分。因立式喷涂机的采用批次性喷涂，故喷涂前后都需要缓冲仓来储存待喷涂料和喷涂完成料，要求前后缓冲仓的有效容积必须大于等于 1.5 倍，即：PTCL 2000 时缓冲仓的有效容积≥3000升，PTCL 3000 时的缓冲仓有效容积≥4500升。

4. 主要技术参数

各型号立式喷涂机的技术参数见表 2-1-15。

表 2-1-15　主要技术参数

型号 项目	PTCL2000	PTCL3000
产能（吨/小时）	8~10	10~15
动力（千瓦）	15+1.5+0.75	18.5+1.5+0.75
有效容积（升）	2000	3000
腔体总容积（升）	3700	5200
批次时间（分钟）	4~5	4~5
颗粒粒径（毫米）	1~9	1~9
颗粒计量精度	1%	1%
液体添加范围	1%~6%	1%~6%
液体计量精度	0.1%	0.1%
空机重量（千克）	2500	2900

（四）CYPZ系列卧式真空喷涂（图2-1-84，图2-1-85）

1. 主要用途及适用范围（表2-1-16）

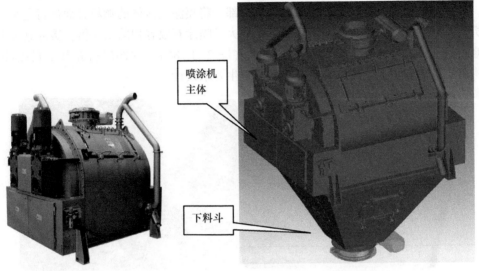

喷涂机
主体

下料斗

图2-1-84　CYPZ系列卧式
真空喷涂机结构

图2-1-85　CYPZ系列卧式
真空喷涂机结构

表2-1-16　CYPZ系列卧式真空喷涂机结构主要性能参数

参数	CYPZ1000	CYPZ500
产量	4~6吨/小时	2~3吨/小时
油脂添加量	6%~35%	6%~35%
残留率	≤0.05%	≤0.05%
批次工作时间	5分钟	5分钟
电机功率	15千瓦	8千瓦
混合方式	双轴桨叶式	双轴桨叶式
喷涂均匀性CV值	≤5%	≤5%
破碎率	≤0.5%	≤0.5%
真空泵	油封泵	油封泵
最低真空度	100毫巴	100毫巴

2. 工序

（1）真空喷涂工序。宠物颗粒由冷却器出来，可以通过闸门控制料仓进料，也可以通过输送设备进料，冷却器出来的颗粒料温度应控制在40~50℃。液体添加由相应的搅拌罐，液体秤、泵送系统打入喷涂机内部，罐有加热功能，添加油脂的温度应控制在25~40℃，保证良好的流动性，经过喷嘴进行雾化。

（2）抽真空工序。在颗粒进入喷涂机后，喷涂机的上下蝶阀全部关闭，保持系统的密闭状态，进行抽真空到一定的负压后，开始油脂添加，添加完成后进行真空释放，再进行肉浆的添加，此后布置和常压喷涂一致。风味剂的添加由人工从投料口手动投料，再由失重秤进行精准批次加入喷涂机内部，将喷涂完液体的颗粒表面进行包裹。喷涂机下方有一个缓冲料斗，缓冲斗的容积应大于喷涂有效容积的 1.5 倍，缓冲仓要开有检修门，下部安装蝶阀保证系统的密闭性（图 2-1-86）。内部出料腔及下料缓冲斗，结构简洁，无多余卫生死角，符合食品级卫生要求设计。

图 2-1-86　喷涂机缓冲料斗

二、宠物喷涂配套辅助设备、液体秤及添加系统、配料秤、CIP 自动清洗系统介绍

（一）液体秤及添加系统

后喷涂工序需要用到油脂及肉浆的存储、称量、泵送及液体管路设备，由于油脂及肉浆物理状态的不同，所选择的设备也有所区别。

存储油脂用罐一般材质为 304 不锈钢，配有电机搅拌，液位计，电加热及保温层，保证油脂在一定温度下良好的流动性，便于泵送。存储肉浆（风味剂）用罐一般材质为 316 不锈钢，抗腐蚀性能更好，泵送系统也与油脂有所区别（图 2-1-87）。

油脂存储罐及泵

图 2-1-87　日用罐（油脂罐、肉浆罐）

　　液体秤（图 2-1-88 至图 2-1-91）由称量筒和缓冲筒组成，下筒体配有电机搅拌、液位计，电加热及保温层，保证油脂在一定温度下良好的流动性，便于泵送。系统配有匹配流量的泵送系统，与物料接触都为食品级材质保证卫生要求，配有回止阀、安全阀、喷出角座阀、压力变送器、手动球阀，包装系统完整性。输送肉浆泵为转子泵，保证泵出的稳定性。根据不同液体添加比例，设计不同管路结构，匹配相应规格的喷嘴。

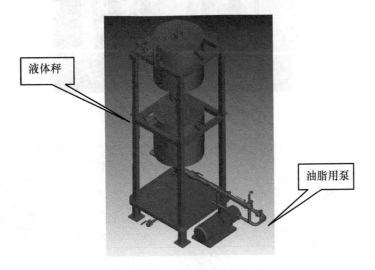

图 2-1-88　液体秤结构（油脂）

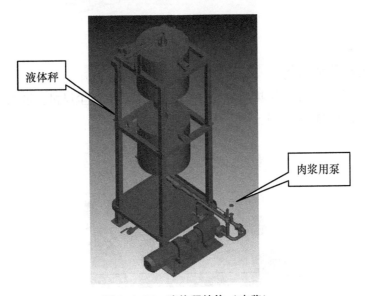

图 2-1-89　液体秤结构（肉浆）

图 2-1-90　现场液体秤布置

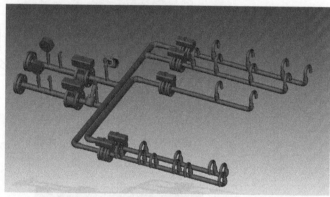

油脂添加管路

肉浆添加管路

图 2-1-91　喷涂管路

（二）配料添加系统

人工手动投料口，用于风味剂粉料的添加，设备配有除尘风机，过滤筒，脉冲控制仪、泄爆口、振动电机及筛网（图 2-1-92）。

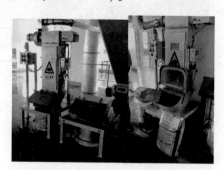

图 2-1-92　粉料添加投料站

宠物料失重秤（图 2-1-93），考虑宠物食品的卫生要求，采用合适的工艺，保证食品卫生级要求、使用的可靠性；出于对设备安全性的要求，考虑在输送设备上增加反排料口，便于后道设备堵料后，上料斗的排料。三点式称重结构设计：梅特勒–托利多也是世界领先的称重模块也供应商，对于三点式模块设计需要考虑将设备的中心放置在三点传感器的形状中心，尽量保证三个传感器同时受压力，对信号的传输、反馈有很好的作用。根据系统设定的减重重量，在快达到设定值时提前将输送速度降低，保证绞龙下料量精准，传感器将设备及物料的总重量实时反馈给电控系统，PLC 再实时控制绞龙电机的频率，首先保证批次下料量为设定值，其次要求喂料时间尽量在规定时间内完成，不影响混合时间，保证生产线产能。

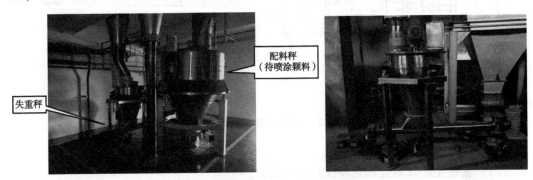

配料秤
（待喷涂颗料）

失重秤

图 2-1-93　风味剂粉料添加失重秤

失重秤上方的补料料仓最小要求大于 5 倍失重秤料仓，当称重传感器反馈重量低于设定值时，PLC 控制上方补料仓阀门打开及时补料，可以通过增加振动器等破拱设备，以保证补料在短时间内完成（30 秒内），整个过程在电控 PLC 程序的控制下实现全自动连续运行。

（三）CIP 清洗系统

CIP（clean in place）清洗即不分解生产设备，又可用简单操作方法安全自动的清洗系统，几乎被引进到所有的食品，饮料及制药等工厂。CIP 清洗不仅能清洗机器，而且还能控制微生物（图 2-1-94，图 2-1-95）。

宠物生产线涉及油脂、肉浆的添加，存储及输送用的罐体、泵、管路需要及时清理，由于喷涂机的结构，内部有桨叶、出料门轴等，对人工清理带来一定的不变，采用 CIP 自动清洗就能解决这一问题，也能保证卫生要求。

图 2-1-94　CIP 在线清洗系统

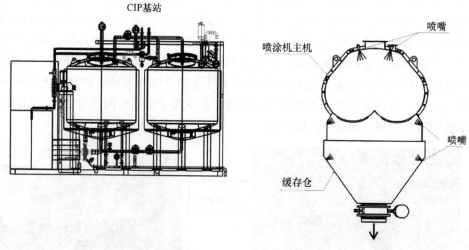

图 2-1-95　CIP 清洗装置

CIP 清洗装置其有以下的优点：

（1）能使生产计划合理化及提高生产能力。

（2）与手洗相比较，不但没有因作业者之差异而影响清洗效果，还能提高其产品质量。

（3）能防止清洗作业中的危险，节省劳动力。

（4）可节省清洗剂、蒸汽、水及生产成本。

（5）能增加机器部件的使用年限。

一般厂家可根据清洗对象污染性质和程度、构成材质、水质、所选清洗方法、成本和安全性等方面来选用洗涤剂。常用的洗涤剂有酸、碱洗涤剂和灭菌洗涤剂。酸、碱洗涤剂的优点有：能将微生物全部杀死；去除有机物效果较好。缺点有：对皮肤有较强的刺激性；水洗性差。灭菌剂的优点有：杀菌效果迅速，对所有微生物有效；稀释后一般无毒；不受水硬度影响；在设备表面形成薄膜；浓度易测定；易计量；可去除恶臭。缺点有：有特殊味道；需要一定的储存条件；不同浓度杀菌效果区别大；气温低时易冻结；用法不当会产生副作用；混入污物杀菌效果明显下降；洒落时易污染环境并留有痕迹。酸碱洗涤剂中的酸是指 1%～2% 硝酸溶液，碱指 1%～3% 氢氧化钠在 65～80℃ 使用。灭菌剂为经常使用的氯系杀菌剂，如次亚氯酸钠等。

热能在一定流量下，温度越高，黏度系数越小，雷诺数（Re）越大。温度的上升通常可以改变污物的物理状态，加速化学反应速度，同时增大污物的溶解度，便于清洗时杂质溶液脱落，从而提高清洗效果、缩短清洗时间。水为极性化合物，对油脂性污物几乎无溶解作用，对碳水化合物、蛋白质、低级脂肪酸有一定的溶解作用，对电解质及有机或无机盐的溶解作用较强。机械作用由运动而产生的作用，如搅拌、喷射清洗液产生的压力和摩擦力等。喷涂机利用 CIP 自动清洗技术可节省人工成本，提高清洗标准，是未来全自动化控制发展趋势。

三、喷涂的运用

后喷涂工艺简单讲就给膨化烘干后的宠物颗粒料进行后加，主要分两个步骤：第一步，液体添加，液体包含油脂、肉浆、色素等；第二步，表面裹粉工艺，在颗粒表面均匀覆盖一层粉状风味剂。这些步骤都在喷涂机内部完成，喷涂机再将所需添加的液体和粉体与颗粒料混合搅拌均匀。犬猫粮高油脂配方（13%~40%）需要通过真空喷涂来实现（图2-1-96）。

图 2-1-96　真空喷涂与常压喷涂油脂添加比例效果对比

喷涂工艺注意事项：

1. 喷涂顺序

按照油脂-浆剂-粉剂的顺序喷涂，喷涂顺序会影响到粮食的适口性，如果先喷涂浆剂，后喷涂油脂，或者浆和油脂先混合后喷涂，就会堵塞颗粒孔径，造成油脂无法浸入粮食的现象。

2. 喷涂时间

喷涂时间既要考虑配方成本，同时也要顾及诱食效果的情况下，尽可能的延长喷涂时间，一般每道工序喷涂时间大约在30~90秒，在进行下一段喷涂前，要有一定的间隔时间（30~60秒），喷涂的同时确保搅拌均匀，使油脂和风味剂充分与物料接触，完全浸润和包裹。目的是达到最佳适口性的效果。

四、包装设备及工艺

现代宠物食品包装必须由宠物食品包装机械来完成。包装机械（packaging machinery）是指完成全部或部分包装过程的机器。

（一）宠物食品包装机械的种类

宠物食品包装工艺过程操作及要求各不相同，大致分类如下。

（1）按功能不同主要分为：充填机、灌装机、裹包机、封口机、贴标机、打印机、集装机、清洗机、多功能包装机等。

（2）按自动化程度不同分为：半自动包装机和全自动包装机。

（3）按包装适应范围不同分为：专用型、多用型和通用型包装机。

现代高新技术如计算机、激光、光电等技术广泛应用到宠物食品包装机械设备中，使宠物食品包装朝高速化、联动化、无菌化、智能化方向发展。

（二）宠物食品产品包装机械的基本构成

宠物食品包装机械一般都由被包装食品供送系统、包装材料或容器供送系统、主传送系统、包装操作执行系统、成品输出系统、包装机动力及传动系统、操纵控制系统和机身支架等几部分组成。

（三）宠物食品包装机械选配的一般原则

（1）满足宠物食品包装工艺要求，对宠物食品包装所用的材料及容器有良好的适应性，保证包装质量和包装生产效率的要求。

（2）技术先进，工作稳定可靠，能耗少，使用维修方便，通用性好，能适应多种宠物食品的包装需要。

（3）符合宠物食品卫生要求，易清洗，不污染宠物食品；对宠物食品包装所要求的条件，如温度、压力、时间、计量、速度等有合理的、可靠的控制装置，尽可能采用自动控制方式。

（4）长期生产单一产品，选用专用型机械；生产多品种，同类型，多规格产品时，选用多功能机械，一机可完成多项包装操作，提高工效，节省劳力及减少占地面积。

（5）改善工人劳动条件和减轻劳动强度。

（四）宠物食品充填技术

充填（filling）是宠物食品包装的一个重要工序，它是指将宠物食品按一定规格质量要求充入到包装容器中的操作，主要包括宠物食品计量和充入。由于宠物食品的种类繁多，形态及流动性各不相同；包装容器也是多式多样，用材各异，因此就形成了充填技术的复杂性和应用的广泛性。根据宠物食品的计量方式精度要求不同，可将宠物食品充填技术分为称重式充填、容积式充填计数式充填。

1. 称重充填法（gravimetric filling method）

称重计量充填法适用于易吸潮、易结块、粒度不均匀、容重不稳定的物料计量。常用的称量装置有杠杆秤、弹簧秤、液压秤、电子秤。根据称量方式的不同可分为间歇式和连续式两类。

（1）间歇式称量装置。有净重充填法和毛重充填法两种。

a. 净重充填法：即先将物料通过秤量后再充入包装容器中，由于称量结果不受容器皮重变化的影响，因此称重精度很高，所以净重称量广泛地应用于要求高精度计量的自由流动固体物料，如奶粉等固体饮料，也可用于不适于容积充填法包装的宠物食品，如膨化宠物食品等（图2-1-97）。

b. 毛重充填法：与净重充填法的区别在于：没有计量斗，将包装容器放在秤上进行充填，达到规定质量时停止进料，故称得的质量为毛重，及计量精度受容器质量变化影响很大，计量精度不高，因此，除可应用于能自由流动的宠物食品物料外，还是用于

图 2-1-97　间歇式称量装置

有一定黏性物料的计量充填。

（2）连续称量装置。采用电子皮带秤称重，可以从根本上克服杠杆秤发出的信号与供料停机时已送出物料的计量误差问题，同时还能大大提高计量速度，适应高速包装机的要求。

2. 容积充填法（volumetric filling method）

容积充填法是通过控制宠物食品物料的容积来进行计量充填的，它要求被充填物料的体积质量稳定，否则会产生较大的计量误差，精度一般为±（1.0%～2.0%），比称重充填要低。因此，在进行充填时多采用振动、搅拌、抽真空等方法使被充填物料压实而保持稳定的体积质量。

容积充填的方法很多，但从计量原理上可分为两类，即控制充填物料的流量和时间及利用一定的规格的计量筒来计量充填。

（1）计时振动充填法。贮料斗下部链接着一个震荡托盘进料器，进料器按规定时间振动，将物料直接充填到容器中，计量由振动时间控制。此法装置结果最简单，但计量精度最低。

（2）螺旋充填法。当送料螺旋轴旋转时，贮料斗内搅拌器将物料拌匀，螺旋面将物料挤实到要求的密度，每转一圈就能输出一定的物料，由离合器控制选择圈数即可达到计量的目的。如果充填小袋，可在螺旋进料器下部安装一转盘用以截断密实的物料，然后将空气与之混合，形成可自由流动的物料，充填后再振动小袋及踏实松散的物料。螺旋充填法可获得较高的充填计量精度。

（3）重力—计量筒充填法。贮料斗下部装有两个或多个计量筒，均匀分布在回转的水平圆板上；计量筒上不有伸缩腔，使之上下伸缩而调整容积。计量筒选择到供料桶下面时，物料靠自重落入计量筒内，当计量筒转位到排料口时，物料通过排料管进入包装容器内。为了使物料迅速流入容器，有时要对容器加以振动。

（4）真空—计量充填法。贮料斗下面装有一个带可调容积的计量筒转轮；计量筒沿转轮径向均匀分布，并通过管子与转轮中心连接；转轮中心有一个圆环真空—空气总管，用来抽真空和进空气。物料从贮料斗落于计量筒中，经过抽真空后密实均匀，运输带不断将如期容器送入转轮下方，当转轮转到容器上方时，空气把物料吹入容器内。真空—计量充填法常用来充填安瓿瓶、大小瓶、大小袋、罐头等，充填容量范围从 5 毫克至几千克，一般的计量精度为±1%。

容积充填法工作速度高，装置结构简单，广泛用于计量流体、半流体、粉状和小颗粒宠物食品，但不适用与容重不稳定的物料。

3. 计数充填法（counting filling method）

计数充填法是将宠物食品通过数定量后充入包装容器的一种充填方法，常用于颗粒状宠物食品和条、块、片状宠物食品的计量充填，要求单个宠物食品直接规格一致。计数充填法的设备和操作工艺简单，可手动、半自动和自动化操作，适用于多种包装方法，如热收缩包装、泡罩包装等。从计数的量来分，有单个包装盒集合包装两种包装方法。

（1）长度计数装置。使物品具有一定规则的排列，按其一定长度、高度、体积取出，获得一定数量。这种装置比较简单，由推板、输送带、挡板、触点开关四部分构成。常用于块状宠物食品。由于这类宠物食品形状规则，具有确定的几何尺寸亦有确定数值，通过适当调节推板的推程，便可进行计算。

（2）光电式计数。采用光电式计数器来完成，物品在传送带上逐个通过光电管时，从光源射出的光线因物品的通过而呈现穿过和被挡住两种状态，由光电管把信号转变为电信号送入计数器进行计数，并在窗口显示出数码。

（3）转盘式计数装置。特别适合于形状、尺寸规则的球形和圆片状食品的计数。

固体物料充填方法的选择，要根据各种因素进行综合考虑，首先要考虑的是被充填物料的物特性和充填精度。充填计量精度除受装置本身精度影响外，还受到物料理化性质的影响，如物料容重不稳定、易吸潮、易飞扬及不易流动等。为提高充填速度和精度，可采用容积充填和称量充填混合使用的方法，在粗进料时用容积式充填以提高速度，细进料时用称量充填以提高精度。一般来讲，价值高的宠物食品其计量精度要求也高。

（五）袋装技术及设备

松散态粉粒状宠物食品及形状复杂多变的小块状宠物食品，袋装（bag packaging）是其主要的销售包装形式。在当今宠物食品加工工业中，袋装技术应用最为广泛，许多为保证宠物食品质量应用而生的宠物食品包装技术多数以袋装技术为基础发展而成。

1. 袋装的形式和特点

（1）袋装的形式。袋装的形式较多，用于宠物食品销售包装的各种小袋主要有以下几种：三边封口袋、四边封口袋、纵缝搭接袋、纵缝对接袋、侧边对折袋、筒袋、平底楔形袋、椭圆楔形袋、底撑楔形袋、塔形袋、尖顶柱形袋、立方柱形袋。

用于袋装宠物食品的包装材料有：纸袋、塑料薄膜袋、纸塑复合袋、铝箔、塑料复合袋等。目前还使用蒸镀铝的塑料薄膜袋。

（2）袋装的特点。袋装作为一种古老的包装方法至今仍被视作一种最主要的包装技术而广泛使用，是由袋装本身所具有的有点所决定的。袋装具有三大功能。

①价格便宜、形式丰富，适合各种不同的规格尺寸。

②包装材料来源广泛，可用纸、铝箔、塑料薄膜及其他的复合材料，品种齐全，具备适应各种不同包装要求的性能特点。

③袋装本身重量轻、省材料、便于流通和消费，并且通过灵活多变的艺术设计和装潢印刷，采用不同的材料组合、不同的图案色彩，形成从抵挡到高档的不同层次的包装产品，满足日益多变的市场需求。

2. 袋装机械

（1）立式成型制袋—充填—封口包装机。这类包装机有很多形式，按包装结构分，主要有枕形袋、扁平袋、角形自立袋等类型。

①枕形袋立式成型制袋—充填—封口包装机。这类袋装机也有许多形式，多种规格，主要应用于松散态物品包装，也可用于松散态规则颗粒物品、小块状物品包装。

②扁平袋成型制袋—充填—封口包装机。这类袋装机也有多种形式，此类机型主要有包装膜卷筒装置、导辊预松装置、制袋成型装置、计量充填装置、纵封、横封切断装置，以及传动、电气控制和其它辅助装置等组成（图 2-1-98）。

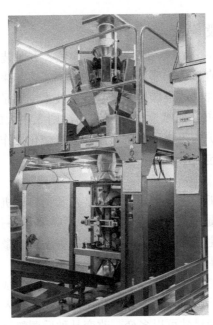

图 2-1-98　扁平袋成型制袋—充填—封口包装机

③角形自立袋制袋成型—充填—封口包装机。先将包装材料成型为圆形管筒，再制成角形自立袋，然后进行充填包装。

（2）卧式制袋—充填—封口包装机。与立式制袋—充填—封口包装机基本相同，制袋与充填都沿着水平方向进行，可包装各种形态的块状、颗粒状等各种形状的固态物料。包装尺寸可以在很大的范围内调节。这类包装机也有多种形式，按结构分为三面封结构和四面封结构的包装机。

3. 袋装机械的选用

袋装机械及其配套设备种类很多，功能、生产能力、所用包装材料及价格、包装袋的形状和尺寸等均各不相同，差异很大，选用时必须根据生产规模和市场行情综合考虑，引进国外设备必须考虑原材料的国内供应情况。具体选用设备时可考虑以下几点。

（1）充填的计量装置要选择适当。当包装某些颗粒状和粉状物料时，其密度必须控制在规定的范围内才能选用容积式计量，否则应考虑称量式计量。对空气温度、湿度敏感的包装物料，在选用设备时尤应注意。

（2）封口时的加热温度和时间应能调节到与所用包装材料的热封性能相适应，以保证热封质量。

（3）充填粉末物料时，袋口部分因易沾污粉尘而影响封口质量，多数情况是由于塑料包装材料带静电而吸附粉尘，因此，这类袋装机必须设有防止袋口粉尘沾污的装置，如静电消失器等。

（4）当装袋速度快、被装物品价格较贵时，应采用称重计量充填，并配有检重秤，随时剔除超重或欠重包装件，并能自带调整充填量。

（5）单机形成自动化生产线时应选用高可靠性的机型，以免单机故障而影响整条生产线的正常生产。

（六）装盒技术及设备

包装纸盒（packaging carton）一般用于销售包装，有时装瓶装袋后再装盒，或装小盒后再装较大的盒；有时直接用于盛装食品等内容物。多年来，包装盒的发展主要是采用复合材料，变换盒形式样，改进印刷装满；装盒技术主要是从手工操作向机械化、半自动化和全自动化方向发展，而纸盒的功能和用途则无很大的变化。在宠物食品包装上，折叠纸盒由于具有保护内容物、经济实用、便机械化操作和促进销售等功能而广泛地应用于饼干、糕点等的包装。

1. 装盒方法

目前，装盒方法有手工装盒、半自动机械装盒和全自动机械装盒。

（1）手工装盒法。这是最简单的装盒方法，不需要设备投资和维修费用，但速度慢，生产率低，对食品卫生条件要求高的产品包装容易造成微生物污染。故在现代化的规模生产条件下一般不采用。

（2）半自对动装盒方法。由操作人员配合装盒机来完成装盒包装，一般，取盒、打印、撑开、封底、封盖等由机器来完成，用手工将产品装入盒中。半自动装盒机的结构比较简单，但装盒种类和尺寸可以多变，改变品种后调整机器所需时间短，很适合多品种小批量产品的包装，而且移动方便，生产速度一般为30~50盒/分钟，随产品而异。有的半自动装盒机用来包装一组产品，每盒可装10~20包，装盒速度与制袋充填机配合，机器的运转方式为间歇转动，自动将小袋产品放人盒中并计数，装满后自动转位，放置空盒，取下满盒和封盖的工序由人工完成，一般生产速度为50~70小袋/分钟（每次装1小袋），或100~140袋/分钟（每次装2小袋），要与小袋制袋充填袋装机相配。

（3）全自动装盒方法。除了向机器的盒坯贮存架内放置盒坯外，其余工序均由机器完成，即为全自动装盒。全自动装盒机的生产速度很高，一般为500~600盒/分钟，超高速的可达1000盒/分钟。但设备投资大，机器结果复杂，操作维修技术要求高，变换产品种类和尺寸范围受到限制，故在这方面不如半自动装盒机灵活，一般适合于单一品种的大批量装盒包装。

2. 装盒机械

现代商品生产中应用的装盒机多种多样，下面主要介绍开盒成型—充填—封口、制盒成型—充填—封口等形式的自动装盒机。

（1）开盒成型—充填—封口自动装盒机。该机主要组成部分包括分立挡板式内装物传送带、产品说明单折叠供送装置、下部吸推式纸盒片撑开供送装置、推料杆传送带、分立夹板式纸盒传送链带、纸盒折舌封口装置、成品输送带和空盒剔除喷嘴，以及编码打印、自动控制等工作系统。

该机适用于开口的方体盒型，垂直于传送方向的盒体尺寸为最大，可包装限定尺寸范围内的多种固态物品。内装物和纸盒均从同一端供送到各自链带上，而与其一一对应并作横向往复运动的推杆可将内装物平稳地推进盒内，然后依次完成折边舌、折盖舌、封盒盖、剔空盒（或纸盒片）等作业，最后将包装成品逐个排出机外。该机生产能力较高，一般可达 100~200 盒/分钟。

（2）制盒成型—充填—封口装盒机。该机型适合于顶端开口难叠平的长方体盒型的多件包装。纸盒成型时借助模芯向下推动已横切压痕好的盒片，使之通过型模而折角粘搭起来，然后将带翻转盖的空盒推送到充填工位，分步夹持放入一定数量叠放在一起的竖立小袋。所用盒子长宽为 56~2800 毫米、高为 58~80 毫米，一列式每盒装 15~40 袋，四列式每盒装 120~200 袋。经折边舌和盖舌后，就可插入对封。

（3）开盒—衬袋成型—充填—封口机。把预制好的折叠盒片撑开，逐个插入间歇转位的链座，并装进现场成型的内衬袋，充填各种状态的固体类宠物食品，然后再完成封口和封盒。

这种衬袋成型法的特点为：采用三角板成型器及热封器制作侧边封的开口袋，既省料简单，又便于实现袋子的多规格化；底边已被折叠，主传送过程将减少一道封合工序；纸盒平整，且衬袋现场成型，不仅有利于管理工作、降低成本，还使装盒工艺更加灵活，尤其能根据包装条件的变化适当组配不同品质的金属材料，且也可以不加衬袋，很方便地改为开盒—充填—封口包装过程。

（4）半成型盒折叠式裹包机。这类包装盒机有连续裹包法和间歇裹包法两种。

连续裹包法水平直线型多工位连续传送路线，适合于大型纸盒包装。工作时首先把模切压痕好的纸盒片折成开口朝上的长槽形插入链座，待内装物借水平横向往复运动的推杆转移到纸盒底面上之后，便开始各边盖的折叠、黏搭等裹包过程。此机型适合于尺寸较大的盒体，采用此裹包式装盒方法有助于把松散的成组物件（瓶、罐）包得紧实一些，以防止游动盒破坏。而且，沿水平方向连续作业可增加包封的可靠性，生产能力较高，达 70 盒/分钟。

间歇成型盒折叠式裹包机，借助伤心往复运动的模芯和开槽转盘先将模切压痕好的盒片形成开口朝外的半成型盒，以便在转位停歇是从水平方向推入成叠小袋或多层排列的小件物品，然后在转位过程中完成折边、涂胶和封合。

（七）装箱技术及设备

箱与盒的形状相似，习惯上小的称盒，大的称箱，他们之间没有明显界限。

1. 装箱方法

装箱与装盒的方法相似，但装箱的产品较重，箱坯尺寸大，堆叠起来比较重。因此，装箱的工序比装盒多，所用设备也较复杂。

（1）按操作方式分。

①手工操作装箱。先把箱坯撑开成筒状，然后把一个开口处的翼片和盖片依次折叠并封口为箱底；产品从另一开口处装入，必要时先放入防震加固材料，最后封箱。用黏胶带封箱可用手工进行，如有生产线或产量较大时，宜采用封面贴条机；用捆扎带封箱，一般均用捆扎机，比用手工捆扎可节省接头卡箍和塑料带，且效率较高。

②半自动与全自动操作装箱。这类机器的运作多数为间歇运动方式，有的高速全自动装箱也采用连续运动方式。在半自动装箱机上取箱坯、开箱、封底均为手工操作。

（2）按产品装入式分。

①装入式装箱法有立式和卧式两种方式。

立式装箱法：立式装箱机把产品沿垂直方向装入直立的箱内，常用于圆形和非圆形的玻璃、塑料、金属包装容器包装的产品，如瓶罐装的粉体类宠物食品。装箱方法为：取出箱胚撑开成筒状封底，然后打开上口的翼片和盖片；空箱移至规定位置，开始装入产品。装箱的产品多数已经包装，它们的堆积成行、成列、分层计数等均由机器完成，装箱后，即合盖封箱。

卧式装箱法：卧式装箱机可使产品沿水平方向装入横卧的箱内，均为间歇式操作，有半自动和全自动两类，适合于装填形状对称的产品。装箱速度一般为 10～25 箱/分钟，半自动需要人放置空箱，装箱速度为 10~15 箱/分钟。

②裹包式装箱法。与裹包式装盒的操作方法相同。适用于弄些较规则形状且有足够耐压强度的物件进行多层集合包装。先将内装物按规定数量叠在模切纸箱坯片上，然后通过由上向下的推压使之通过型模一次完成箱体裹包成型、涂胶和封合，然后沿水平折线完成上盖的粘搭封口，经稳压定型后再排出机外。高速的裹包式装箱机可达 60 箱/分钟，中速的可达 10~20 箱/分钟，半自动的为 4~8 箱/分钟。

箱装袋出现于 20 多年前，由于塑料及其复合薄膜材料的性能不断改进提高，近年来、箱装袋的应用范围不断扩大，主要用来包装各种黏度的料液，包容积小袋为 4~25 立方厘米、大袋为 200~1000 立方厘米。箱装袋可节省包装和贮运费用，流通也很方便。

2. 瓦楞纸箱和装箱设备的选用

（1）瓦楞纸箱的选用。选用瓦楞纸箱首先应考虑商品的性质、重量、贮运条件和流通环境等因素；运用防震包装设计原理和瓦楞纸箱设计方法进行设计时应遵照的有关国家标准；出口商品包装要符合国际标准或外商要求，并经过有关的测试，在保证纸箱质量的前提下，尽量节省材料和包装费用；另外，应考虑贮运堆垛时的稳定性。

（2）装箱设备的选用。对于生产率不高、质轻、体积小的产品，如盒、小袋包装品等，且在劳动力不短缺的情况下可由手工装箱；但对于一些较重或易碎的产品，一般批量较大，可采用半自动装箱机；高生产率单一品种产品，应选用全自动装箱机。

（八）热成型包装技术

用热塑性塑料片材热成型法加工制成容器，并定量充填灌装宠物食品，然后用薄膜覆盖并封合容器口完成包装，这种包装方法称为热成型包装（heat forming packaging）。

1. 热成型包装的特点

热成型包装目前应用极为广泛，其主要原因是这种包装方法有以下特点。

（1）包装适用范围广，可用于冷藏、微波加热、生鲜和快餐等各类食品包装，可满足食品贮藏和销售对包装的密封、半密封、真空、充气、高阻隔等各种要求，也可实现无菌包装要求，包装安全可靠。

（2）容器成型、食品充填、灌装和封口可用一机或几机连成生产流水线连续完成，包装生产效率高；而且避免包装容器转运可能带来的容器污染问题；节约包装材料、容器运输和消毒费用。

（3）热成型法制造容器方法简单，可连续送料连续成型，生产效率比其他成型方法一般高 25%~50%。

（4）容器形状大小按包装需要设计，不受成型加工的限制，特别适应形状不规则的物品包装需要，而且可以满足商业销售美化商品的要求设计成各种异形容器，制成的容器光亮，外观效果好。

（5）热成型法制成的容器壁薄，所以减少了包装用材量，而且容器对内装食品有固定作用减少食品受振动碰撞的损伤，包装品装箱时不需另用缓冲材料。

（6）包装设备投资少，成本低。热成型加工用模具成本只为其他成型加工法用模具成本的 10%~20%，制造周期也较短，一次性投资是其他容器成型法投资的 5% 左右。

2. 常用热成型包装材料

热成型包装用塑料片材按厚度一般分为三类：厚度小于 0.25 毫米为薄片，厚度在 0.25~0.5 毫米为片材，厚度大于 1.5 毫米为板材。塑料薄片及片材用于连续热成型容器，如泡罩、浅盘、杯等小型食品包装容器。板材热成型容器时要专门夹持加热，因而是间接成型加工，主要用于成型较大或较深的包装容器。

热成型塑料片材厚度应均匀，否则加热成型时塑料片材因温度不均匀、软化程度不一而使成型的容器存在内应力，降低其使用强度或使容器变形，甚至不能获得形状完整合格的容器。通常，塑料片的厚薄公差不应大于 0.04~0.08。一般热塑性片材都可用于热成型法制造容器，但目前用于包装食品的主要有 PE、PP、PVC、PS 塑料片材和少量复合材料片材。

（1）聚乙烯（PE）由于卫生和廉价，因而在食品包装上大量使用，其中 LDPE 刚性差，在刚性要求较高或容器尺寸较大时可使用 HDPE，但其透明度不高。

（2）聚丙烯（PP）具有良好的成型加工性能，适合于制造深度与口径比较大的容器，容器透明度高，除耐低温性较差以外，其他都与 HDPE 相似。

（3）聚氯乙烯（PVC）硬质 PVC 片材具有良好的刚性和较高的透明度，可用于与食品直接接触的包装，但是因拉伸变形性能较差，所以难以成型结构复杂的容器。

（4）聚苯乙烯（PS）热成型加工时常用 BOPS 片材，这种材料刚性和硬度好，透明度高，表面光泽。但热成型时需要严格控制片材加热温度，也不宜作较大拉伸，同时应注意成型用的框架应有足够的强度，以承受片材的热收缩作用。EPS 片材也可作热成型材料，一般用来制作结构简单的浅盘、盆类容器。它的优点是质轻，有一定的隔热性，可用作短时间的保冷或保热食品容器，但这种片材的热成型容器使用后回收处理困难，视为"白色污染"，目前已被限制使用。

（5）其他热成型片材 PA 片材热成型容易，包装性能优良，常用于鱼、肉等包装。PC/PE 复合片材可用于深度口径比不大的容器，可耐较高温度的蒸煮杀菌。PE、PP 涂布纸板热成型容器可用于微波加工食品的包装。PP/PVDC/PE 片材可成型各种形状的容器，经密封包装快餐食品，可经受蒸煮杀菌处理。

国际上对塑料包装废弃物的"白色污染"日益重视，纷纷推出可降解塑料片材用于热成型包装，用 PE、PVC、PP 等与淀粉共混制成可降解生物片材，是改革快餐热成型包装的注意发展方向之一。

（6）封盖材料 热成型包装容器的封盖材料主要是 PE、PP、KPVC 等单质塑料薄膜，或者使用铝箔、纸与 PE 结合和复合薄膜片材和玻璃纸等材料，一般盖材上事先印好商标和标签，所用印刷油墨应能耐 200℃的高温。

3. 热成型加工方法

按成型时施加压力不同的方式不同，热成型加工分为压差成型、机械加压成型机介于两者之间的助压气压差成型等几种热成型方法。

（1）压差成型。依靠加热塑料片材上下方的气压差使塑料片变形成型，有两种方法：空气加压成型，塑料片材被夹住并压紧在模口上，从片材上方送入压缩空气，片材下方模具上有排气孔，片材加热软化后，被空气压向膜腔而成型；真空成型法，从模具下方孔抽气，使塑料片材封闭的模腔成负压，上下压差使其向模腔方向变形成型。

压差成型加工法的优点是：制品成型简单，对模具材料要求不高，只要单个阴模，甚至可以不用模具生产泡罩包装制品，制品外形质量好，表面光洁度高，结构鲜明。确定是制品壁厚不太均匀，最后与模壁贴合部位的壁较薄。

（2）机械加压成型。将塑料片加热到所要求的温度，送到上下模间，上下模在机械力作用下合模时将片材挤压成模腔形状的制品，冷却定型后开启模取出制品。这一成型法具有制品尺寸准确稳定，制品表面字痕、花纹显示效果好等特点。

（3）柱塞助压成型。是将上述两种热成型方法相结合的一种成型方法。塑料片材被夹持加热后压在阴模口上，在模底气孔封闭的情况下，柱塞将片材压入模内，封闭模腔内的空气反压使片材接近模底而不与模底接触，此时从模底处的孔中抽气或以上方气压最后完成塑变成型制品。这种成型方法可获得壁厚均匀的塑料容器。

4. 热成型技术要求

包装容器热成型主要包括加热、成型和冷却脱模 3 个过程。为保证获得满意形状、质量合格的热成型容器，应注意以下技术要求。

（1）确定合理的拉伸比。容器深度 H 与其口径 D 之比 H/D 为成型容器的拉伸比。显然。H/D 愈大，容器愈难成型。热成型所能达到的 H/D 与塑料的品种有关，塑料热

1.5：1 的延伸能力愈大，熔体强度愈高，则 H/D 可愈大。

（2）根据热成型所用材料的品种、厚度确定热成型温度加热时间和加热功率。热成型容器的加热温度应在材料的 T_g 或 T_m 温度以上，而且受热应均匀稳定。各种塑料热成型温度不同，一般在 120~180℃ 范围内。温度不合适，会出现成型不良、壁厚不均、气孔、白化、皱褶等缺陷。

（3）注意热成型模具的几何尺寸。热成型容器所用模具尺寸形状应符合设计要求，表面光滑，有足够的拔模的斜度。各种成型方法成型的容器底部的壁厚总要变薄，在拉伸比小于 0.7 的情况下，容器底部壁厚一般只有平均壁厚60%。为了保证强度，容器部采用圆角过渡，圆角半径应取 1~3 毫米以上。

5. 热成型包装机械

热成型包装根据自动化程度、容器成型方法、封接方式等的不同，可以分为很多种机型。主要有 2 种机型。

（1）高速卧式热成型包装机。适用于单一品种产品的大批量包装。

（2）间歇式大容器热成型包装机。当包装较大尺寸的固体食品或灌装液体食品时适用。

第六节　半固态（罐头）宠物粮设备与工艺

随着我国经济的高速发展和现代消费观念的更新，宠物食品正在以最快的速度进入到城市拥有宠物的家庭中。因此对不同种类的宠物食品的需求量也是日趋增长，其中宠物罐头加工也是宠物食品加工的一个分支，宠物罐头食品行业的发展主要依据罐头食品的加工工艺，而其中机械设备是罐头加工工艺中非常重要的一个因素，正确掌握各种机械设备的工作原理、性能参数等是非常重要的。

一、半固态宠物粮（罐头）生产设备

（一）绞肉机

1. 绞肉机工作原理

绞肉机是宠物罐头生产工艺中主要的机器设备，其主要功能是将原料中鲜禽畜肉及副产品进行搅碎以便于后序工序的均匀混合（图 2-1-99）。

整机由电机、机壳、全不锈钢机架、特殊处理刀具、不锈钢绞肉管、输送螺杆、螺旋切割系统等组成；绞肉机工作由于物料本身的重力和螺旋供料器的旋转，把物料连续地送往绞刀口进行绞碎。因为螺旋供料器的螺距后面应比前面小，但螺旋轴的直径后面比前面大，这样对物料产生了一定的挤压力，这个力迫使已绞碎的肉从格板上的孔眼中排出。

图 2-1-99　粗绞机

2. 绞肉机的主要技术参数（表 2-1-17）

表 2-1-17　绞肉机技术参数

产品用途	肉制品绞肉机
规格	380 伏
外形尺寸（毫米）	1080×650×1100
电压（伏）	380
净重（千克）	320
种类	绞肉机
型号	JR-130 型

3. 设备功能特点介绍

可将经过分割的切片机切片的肉食直接进行绞切，制成规格不同的肉粒，为斩拌或搅拌做好前期准备工作。也可将小块冻肉直接进行绞切。由于无需解冻，所以保持了营养及肉鲜味。

绞刀采用高碳铬不锈钢（3CR13）铸造而成，高强度，高硬度，刀刃锋利不变形，且出肉效率高。设计合理，绞切过程中摩擦力小，肉料温升低，利于保鲜。它可将块状肉（冻肉）绞至 $\phi 3 \sim \phi 16$ 毫米的颗粒，易清洗，该绞肉机的螺杆，网眼及刀片具有独特的结构，使得加工的肉粒温升低，颗粒清晰等特点。

（二）搅拌机

1. 搅拌机工作原理

搅拌机是肉类工业——罐头产品生产加工过程中常用的一种搅拌设备，可以把各种不同规格的原料肉与添加剂、香辛料等辅料按要求进行搅拌，使它们充分均匀的混合，对肉制品感官、口感、出品率均有一个明显的提高（图 2-1-100）。

搅拌机是在原传统双抽搅拌机的基础上改进、研制成功的新一代产品。该机型外形典雅、协调、结构合理、性能稳定可靠,操作简单方便,易于清洗,整机采用优质不锈钢材质材料制造。

图 2-1-100 双搅龙搅拌机

2. 搅拌机主要性能参数(表2-1-18)

表2-1-18 搅拌机技术参数

励磁电机无级调速(转/分钟)	0~120
功率(千瓦)	3
外形尺寸(毫米)	2380×1065×1780
电压(伏)	380
容积(升/桶)	300
种类	双绞龙搅拌机
型号	SBX-300L

3. 设备功能特点介绍

本机采用双抽结构,斜板式桨叶,对物料进行径向搅拌,同时完成轴向回流,使物料充分混合均匀,是用于混料的必备设备,对粒状、粉状、泥状、糊状、浆状物皆有很好的适应性和混合效果,对块状物有较好的保型性。

特点:一是物料搅拌均匀,充分膨胀,弹性好,色泽鲜艳并最大限度地提取蛋白质,是改变产品品质的理想设备。二是整机采用优质不锈钢材料制成,可靠耐用,易于清洗,效果好。三是采用倾斜式出料,安全可靠。采用平行双轴结构,斜板式桨叶,使物料达到最佳效果,适合各种工艺要求。

(三)乳化机

1. 乳化机工作原理

在电机的驱动下,装在罐中部的小分散盘迅速开始工作,分散、切割,中上部的漂浮及部分添加剂,所形成的锅流正好增强了整体液料的循环,起到了上下层同时分散、乳化、均质作用。以此同时安装底部乳化机头也在双向吸料,从中部和底部将物料吸入粉碎研磨区内,首先斜面刀片进行切割、分散,然后有研磨刀片进行粉碎、乳化。物料除承受剧烈的机动运动和液体剪切之外同时还承受挤压、撞击、撕裂和摩擦等，整个工作过程物料不断循环上下翻滚，在精密的转子和定子及分散盘的配合下，使物料微粒在极短的时间内很快被撕破，粉碎成亚微米细度，达到分散、乳化、均质的目的（图2-1-101）。

图 2-1-101　乳化机

2. 主要性能参数（表2-1-19）

表 2-1-19　乳化机技术参数

生产能力（千克/小时）	250
功率（千瓦）	37
外形尺寸（毫米）	1772×1036×835
电压（伏）	380
料斗容积（升）	140
孔盘直径（毫米）	180
孔盘孔直径（毫米）	1.2、1.5、2、2.5、3.2、4
型号	RH1J80

3. 设备功能特点介绍

乳化机由交流电机驱动、直连传动以及由三翼和六翼组成的双刀乳化头构成。其特点有以下几点。

（1）机器结构紧凑，运行可靠，机体及主要零件及传动部件则采用不锈钢和优质钢材加工制造，符合食品卫生要求。

（2）肉类产品蛋白提取率高，从而提高了产品出品率。

（3）乳化机工作时，物料是一次性通过，因此产品温升小及组织破坏小，使产品品质提高。

（4）物料被乳化后不含空气，延长产品保质期。

（5）机器体积小、可移动。由于乳化机处于连续工作方式，料斗位置低，可以与斩拌机或搅拌机组成连续生产线。

（6）电机由软启动控制，启动平稳、电流小，可靠。

（四）真空搅拌机

1. 真空搅拌机工作原理

通过真空装置使物料处于负压状态，使物流充分膨胀，无气泡，弹性好，色泽鲜艳，并最大限度地提取蛋白质，是制作料状、泥状、混合产品的首选设备；对料状、粉状、泥状、糊状、浆状物皆有很好的适应性和混合效果，对块状物有较好的保型性（图 2-1-102）。

图 2-1-102 真空搅拌机

2. 设备主要技术参数（表 2-1-20）

表 2-1-20 真空搅拌机技术参数

生产能力（千克/小时）	250
功率（千瓦）	5.5
外形尺寸（毫米）	1500×1000×1500
电压（伏）	380
容积（升）	350
型号	ZKJB350

3. 设备功能特点

（1）整机采用不锈钢材料制作，可靠耐用，独特的三层密封保护设备，密封性好。使用寿命更长，清洗更方便。

（2）在真空状态下，采作平行双轴结构，斜板式桨叶，使物料在料箱中翻动的同时，还做圆周运动，使各种物料搅拌得更均匀，料箱盖和出料门采用气动，操作简单，适合各种工艺要求。

（3）本机采用主动力为摆线减速机，传动更平稳，更可靠。

（4）采用独特的搅拌器，使拌出的肉馅纤维细化，并使肉纤维间的动物蛋白能游离析出，以保证肉馅拌和均匀并使之蓬松状态，加入的调味汁液能充分吸收饱和，以保持馅的松、鲜、嫩、口感味道优异的特点。

（五）金属探测器

在食品行业对金属杂质的检测主要就用到金属探测器，食品用的金属探测器分两种：皮带式和管道式。皮带式就是传送带，把食品放在皮带上经过探头如果含有金属杂质就会报警停机或排除。管道式主要就是自由落地式，食品自由下落，经过探头就会报警然后排出。

1. 皮带式金属探测器

随着科技技术的不断进步，皮带式金属检测器逐渐转变为数码智能金属探测器，AEC500C系列数码智能金属检测机是采用自主的数码技术研制而成的智能型检测机。该设备采用平衡式原理，通过DSP和单片机相结合，实现了金属检测技术的全数字化和智能化，操作使用高度智能化，性能卓越，简单易用，有效提高生产效率。同时，该设备还采用了相位调节等诸多的新技术、新方法，有效解决了"产品效应"等普遍存在的问题（图2-1-103，表2-1-21）。

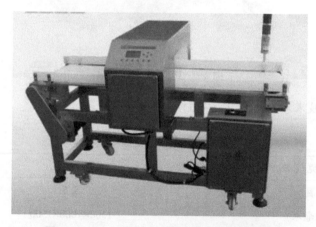

图2-1-103 AEC500C数码智能金属探测器

表2-1-21 AEC500C数码智能金属检测机主要技术参数

可输送最大能力（千克）	5~50
输送速度（米/秒）	0.3~0.7
电源（伏）	220v±10%
检测精度Fe（毫米）	>Φ0.5
检测精度Sus（毫米）	>Φ1.0
报警方式	自动停机或阀门排除可选
型号	AEC500C数码智能金属检测机

设备的功能介绍：

（1）采用平衡式原理，更稳定可靠，性能更佳。

（2）相位调节技术，能够进行产品调节，有效抑制产品效应。

（3）DSP 和单片机相结合对检测信号进行数据采样和数据处理，提高了检测效果。

（4）直接数字频率发生器发生频率、相位和幅值均可调节的正弦波，改变了模拟电路参数难以调节和配合状况，能够方便地进行灵敏度等各种参数的调节。

（5）液晶显示面板，中英文等操作菜单，用户可根据需要选择，具有良好的人机对话界面。

（6）具有一键式产品特点自学功能，能智能化全自动学习和记忆产品特点，无需人工调节参数，操作简单。

（7）具有 100 种产品参数记忆功能，可存储 100 种产品的检测参数，一次设定后无需再次调节，检测产品时调用即可。

（8）可根据客户需求定制自动剔除不良品装置，节约人工成本，提高生产效率。

2. 管道式金属探测器

（1）工作原理。涡电流会产生磁场，倒过来影响原来的磁场，引发探测器发出鸣声。金属探测器的精确性和可靠性取决于电磁发射器频率的稳定性，一般使用从80～800千赫兹的工作频率。工作频率越低，对铁的检测性能越好；工作频率越高，对高碳钢的检测性能越好。检测器的灵敏度随着检测范围的增大而降低，感应信号大小取决于金属粒子尺寸和导电性能。

管道金属探测器由两部分组成，即金属探测机与自动剔除装置，其中检测器为核心部分。检测器内部分布着三组线圈，即中央发射线圈和两个对等的接收线圈，通过中间的发射线圈所连接的振荡器来产生高频可变磁场，空闲状态时两侧接收线圈的感应电压在磁场未受干扰前相互抵消而达到平衡状态。一旦金属杂质进入磁场区域，磁场受到干扰，这种平衡就被打破，两个接收线圈的感应电压就无法抵消，未被抵消的感应电压经由控制系统放大处理，并产生报警信号（检测到金属杂质）。系统可以利用该报警信号驱动自动剔除装置等，从而把金属杂质排除生产线以外（图 2-1-104）。

（2）设备主要技术参数（表 2-1-22）。

表 2-1-22　管道式金属探测器技术参数

检测能力（吨/小时）	3～10
电源（伏）	220v±10%
检测精度 Fe（毫米）	>Φ0.5
检测精度 Sus（毫米）	>Φ1.0
报警方式	自动停机或阀门排除可选
排除方式	气动排除
气源要求	>0.5Mpa
型号	HM-1000J 数字液晶检测机

（3）设备功能特点介绍。一般的金属探测器都无法完整监控流体产品的整个生产

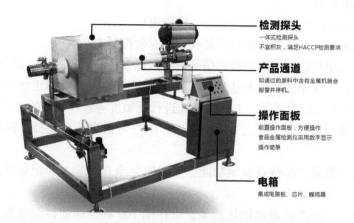

检测探头
一体式检测探头
不宜积灰，满足HACCP检测要求

产品通道
如通过的原料中含有金属机器会
报警并停机。

操作面板
前置操作面板，方便操作
食品金属检测仪采用数字显示
操作简单

电箱
集成电路板、芯片、蜂鸣器

图 2-1-104　管道式金属探测器

过程，比如肉酱、口香糖胶、奶制品液体等，实时在线剔除金属杂质，确保产品安全输送到下道工序。一般情况下这些产品的都是以金属封装的，变成成品以后一般都无法用金属探测器来检测。因此液态或黏稠状物品在罐装或封装前检测，可以有效提高检测精度。

（4）特点。

①核心部分采用领先的数码技术和原装进口芯片精心研制，探测线圈内部采用灌封方式一次成型，具有检测精度高，性能稳定，抗外界干扰能力强等特点。

②可根据产品特点采用多种频率制作，并且具有产品检测数据存储功能，可储藏100 多种产品检测数据，适用范围广。

③采用智能化识别技术，具有自学习和记忆功能，能自动认识和记忆产品特点，有效排除各种"产品效应"产生的干扰。

④简便的操作界面，采用对话式液晶显示屏，可通过简洁的键控界面快速方便地设置参数；可以检测包含不同产品信号（特性）的多种产品，一次设置就能保证极高的检测精度，无需重新调整，设置程序。

⑤模块化的组件更换，维修方便快捷。

⑥符合 HACCP、GMP、FDA 的要求。

⑦防震防水设计，防尘防水功能符合 IP-66/IP-65 国际认证，抗震动和吸收噪音，能适应恶劣的工作环境。

⑧可根据用户需要采用各种剔除装置（如翻板、气吹、推杆等）及轻便型、大包装专用型及承重型的机身设计。

（六）灌装机

灌装机在食品行业、饮料行业、日化行业等广泛使用。食品包装机械竞争日趋激烈，未来的食品灌装机械将配合产业自动化，促进包装设备总体水平提高，发展多功能、高效率、低消耗的食品包装设备。

在日益不断发展的宠物罐头行业中，灌装机一般使用柱塞式灌装机和定量灌装机两大类，当然随着现代市场上人们对商品质量要求日渐提高、市场需求不断扩大、企业对高效自动化生产的要求，在这样的情况下，灌装机的发展、技术水平、设备性能、质量等方面逐渐都会有很大程度的提高。

1. 柱塞式灌装机

（1）柱塞式灌装机工作过程。柱塞式灌装机是采用调节柱塞行程而改变产品柱塞筒的容量，结构如图2-1-105所示。当柱塞推杆7向上移动时，由于物料的自重或黏滞阻力，使进料活门5向下压缩弹簧6，物料则从活门5与柱塞顶盘3之间的环隙进入柱塞下部缸体2的内腔料缸中。到达预定容量后料缸下部的控制阀旋转，柱塞4向下移动时，活门5在弹簧的作用下关闭环隙，柱塞4下部的物料被柱塞压出并灌装到容器中。这类装置机构的适用性比较广泛，粉末、颗粒类及黏稠类物料均可应用。

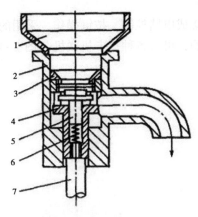

图2-1-105　自动旋转柱塞式灌装机

1. 料斗　2. 缸体　3. 柱塞顶盘　4. 柱塞　5. 活门　6. 弹簧　7. 柱塞推杆

（2）设备功能特点介绍。GS-G-XZSQ-12A01灌装机（图2-1-106）采用活塞灌装原理，设计合理，机型小巧，操作方便。物料接触部分均采用304不锈钢材料制成，符合GMP要求。有灌装量调节手柄、灌装速度可任意调节，灌装精度高。灌装闷头采用防滴漏、防拉丝及升降灌装装置。自动输送，无瓶不灌装。料斗带有可调速搅拌装置，使物料更均匀灌装。其技术参数见表2-1-23。

图2-1-106　GS-G-XZSQ-12A01灌装机

表 2-1-23   GS-G-XZSQ-12A01 灌装机技术参数

灌装头数	12
适用高度	50～160 毫米
适用罐径	52～99 毫米（定制）
灌装容量	100～850 毫升
生产能力	80～200 罐/分钟
电机功率	4 千瓦
重量	1500 千克
外形尺寸	1800×1500×1900 毫米
型号	GS-G-XZSQ-12A01

2. 定量灌装机

气动定量灌装机采用集成电路控制，按键操作，采用的是气动原理气缸，适合灌较小的肉糜和肉块，定量准确，可与各种打卡机联机（图 2-1-107）。气动灌装技术参数见表 2-1-24。

图 2-1-107   气动灌装机

表 2-1-24   设备技术参数

气压（兆帕）	0.5～0.8
料斗容积（升）	68
定量范围（克）	25～450/50～1000
灌装数量（罐/分）	55
定量误差（肉糜）（克）	±5
重量（千克）	145
外形尺寸（毫米）	825×930×1700
型号	DG-Q02

（七）自动真空封罐机

自动真空封罐机为集预封、封口于一体的全自动真空封罐机，适用于各种规格的马口铁圆罐封口（图2-1-108）。为提高封口质量及封罐速度以及便于抽真空，本机在进入真空室封罐之前先对罐、盖进行预封，然后再进入真空室里，依次进行抽真空、头道封口及二道封口。

自动真空封罐机在对罐盖于罐身上的钩接卷封，如同其他一重卷边接缝封罐一样，先通过预封，在经过第一二道封口轮的卷缝作业，而使罐身翻边与罐盖钩边钩接重合弯曲，并进行压紧封合而形成紧密的五层马口铁接缝，其中第一道封口轮主要是使罐身翻边和罐盖的钩边在迭合情况下良好弯曲钩接，第二道封口轮则是继续上述初接缝形成后压紧密封。自动真空封罐机技术参数见表2-1-25。

图 2-1-108　TP-300 自动真空封罐机

表 2-1-25　设备技术参数

封罐头数	1 预封头数 4
适用罐径	Φ52.3~105 毫米
适用罐高	39~133 毫米
灌装数量	80~100 罐/分
电机功率	2.2 千瓦
重量	2500 千克
外形尺寸	2010 毫米×1400 毫米×1900 毫米
型号	TP-300

（八）杀菌锅

杀菌锅是一只密闭的、加压的加热器，用于加热密封在容器内的食品。对密封包装在容器内需商业无菌杀菌的食品，可以使用多种不同的杀菌锅系统。杀菌锅系统有着一些相同的特性。系统是加压的，传递温度大大高于沸水。系统使用某种介质（称为加热介质或杀菌介质）作为向产品传递热量的工具。用于锅内的介质包括纯蒸汽、热水（容器全部浸没在水中、水喷雾或水喷淋）和蒸汽/空气混合物。宠物罐头食品一般使用蒸汽式杀菌锅和水浴式杀菌锅。

1. 蒸汽杀菌锅

蒸汽杀菌锅以蒸汽为加热介质，直接进行升温。通过机械装置来保持蒸汽与空气混合，使其在杀菌釜内循环。由于在杀菌过程中锅内存在空气会出现冷点，所以这种方式热分布不是最均匀。适合杀菌的产品主要马口铁、PE瓶包装等。

一般马口铁罐头都采用本形式的卧式杀菌锅（图2-1-109），本设备通过引入压缩空气可实现反压杀菌。如冷却需在锅内进行，须用水泵打入锅顶部的喷水管（或采用水循环系统）。在杀菌时，由于加热使罐头温度升高，罐头内压力会超过罐外（在锅内）的压力。因此，为了避免杀菌时对马口铁罐两端面凸出，必须施加反压力，特别是对需要较高杀菌温度的肉类罐头更就如此。使用反压力杀菌，即是用压缩空气通入锅内增加压力，防止罐头凸罐和跳盖，其操作情况分述如下。

图2-1-109 蒸汽杀菌锅

由于压缩空气是不良导热体，况蒸汽本身又具有一定的压力。因此，在杀菌时升温过程中，不放进压缩空气，而只在达到杀菌温度后处于保温时，才开放压缩空气入锅内，使锅内增加0.5~0.8个大气压。特经过杀菌后，降温冷却时，停止供应蒸汽，将冷却水压入喷水管。由于锅内温度下降，蒸汽冷凝，而使锅内力降低采用压缩空气的压力来补偿。

在杀菌过程中，应注意最初排气，进而泄气，使蒸气流通。亦可每隔15~20分钟放气一次，促进热交换。总之必须满足杀菌条件的规定，按一定程序进行，杀菌温度的高低，杀菌压力的大小，杀菌时间的长短和操作方法等均由罐头产品杀菌工艺作出具体规定，设备技术参数见表2-1-26。

表 2-1-26　设备技术参数

公称容积（升）	600	1400	2200	3000	3600	4000	4200	4600
简体直径（毫米）	700	900	1000	1200	1200	1200	1200	1200
简体长度（毫米）	1200	1800	2400	2200	2700	3000	3300	3600
材质	SUS304/Q235-13							
设计压力	0.35Z 兆帕							
工作压力	<0.3 兆帕							
设计温度	140℃							
工作温度	<135℃							

　　设备功能特点：少量的工艺用水，快速循环；快速到达预定杀菌温度；低噪声，创造安静、舒适的工作环境；锅内配置可移动的温度传感器探头，可随时监控产品中心 F 值；较好的压力控制，整个生产过程，压力不断调节，以适应产品包装内部压力的变化，使产品包装的变形度达到最低。

　　2. 水浴式杀菌锅

　　杀菌时锅内食品全部被热水浸泡，通过压力和水泵促进循环，这种方式热分布比较均匀。水浴杀菌锅（图 2-1-110）对于热敏性食品的杀菌非常高效，对于大包装食品，热穿透速度快，能确保良好的杀菌效果。杀菌水首先在上罐中预热到设定温度，杀菌温度起点高，可有效缩短杀菌时间，尤其对于热包装的食品，能大程度保留食品原有的口感、色泽和营养价值。杀菌结束后杀菌水可回收到上罐供下批次食品杀菌用，节约能源，缩短杀菌周期，水浴式杀菌锅技术参数见表 2-1-27。

图 2-1-110　水浴式杀菌锅

表 2-1-27 设备技术参数

型号	直径（毫米）	筒长（毫米）	总长（毫米）	总宽（毫米）	总高（毫米）	容积（升）	设备功率（千瓦）	设计温度（℃）	试验压力（兆帕）	设计压力（兆帕）
1000 3p	1000	2400	4300	1600	3100	210	7			
1200 4p	1200	3600	5700	2000	3800	450	13	147	0.44	0.35
1500 4p	1500	4200	6700	2500	4200	810	37			

设备特点：

（1）采用硬件和软件控制系统，设备安全、稳定、可靠运行。

（2）预设杀菌工艺参数，可创建、编辑和保存多个杀菌工艺配方。可根据不同的食品直接从触摸屏中调取相应的工艺配方，省时、高效，节省人力、物力的消耗，降低生产成本。

（3）合理的内部管道设计和杀菌程序能确保设备热分布均匀、热穿透速度快，杀菌周期短。

（4）杀菌用水和降温用水可循环使用，降低能源消耗，节约生产成本。

（5）可配备 F 值杀菌功能，提高杀菌精度，确保每批次杀菌食品的杀菌效果一致。

（6）可配备杀菌记录仪，实时准确记录杀菌温度、压力，便于生产管理和科学数据分析。

二、半固态宠物粮的（罐头）生产工艺流程

随着经济的不断发展，社会的不断进步，喂养宠物的人也是越来越多，并把宠物当做朋友、家人来对待，因此人们在喂养宠物食品的同时，更加注重宠物食品营养更均衡，更全面。而宠物罐头搭配宠物干粮是一种很好的食品组合，这种食品搭配方式，既具有宠物干粮食品的高密度全面均衡营养，又具有宠物罐头食品的上佳的口感和可口的口味，而且不影响宠物日粮中的营养全面性和均衡性。为了保证宠物罐头食品的质量，提高宠物食品的利用率，必须科学合理地选择先进的宠物罐头食品加工工艺。

（一）半固态宠物粮（罐头）产品生产工艺

宠物罐头产品是以畜、禽肉及副产品为原料，添加部分辅料经过搅拌混合、乳化、灌装、杀菌等工序加工而成的宠物食品。目前宠物罐头产品按照工艺一般分为两大类：一类是马口铁宠物罐头；一类是软包装宠物罐头。

1. 马口铁宠物罐头加工工艺

马口铁包装的宠物罐头主要通过各组设备的组合来完成终产品的生产加工；冷冻的畜、禽肉及副产品经切块粗绞后，在和添加的配料搅拌混合、乳化、抽空搅拌、金属探测、灌装、封口、杀菌、保温、包装，最后完成成品的加工，其工艺流程如图 2-1-111 所示。

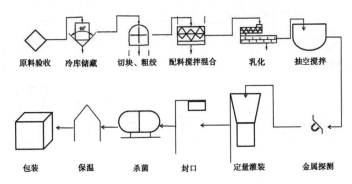

原料验收　冷库储藏　切块、粗绞　配料搅拌混合　乳化　抽空搅拌

包装　保温　杀菌　封口　定量灌装　金属探测

图 2-1-111　马口铁罐头产品加工工艺流程

2. 马口铁罐头工艺流程描述

（1）原辅包验收工序。原辅包材料依据法律法规和企业制定的检验标准进行验收，验收合格后入库存储。

（2）原料储藏工序。原辅包根据产品特性要求贮存在不同的仓库中，一般畜禽动物肉原料贮存在-18℃以下的冷藏库中；其他辅料和包材常温保存。

（3）切块、粗绞工序。原料从仓库中取出后，脱掉原料包装后，经金属探测器进行检测后，通过传送带运输到冻肉切块机内，先经冻肉切块机把大块冷冻原料切割成小块状以便于粗绞；切割后的原料在经绞肉机进行粗绞成肉泥状。

（4）配料搅拌混合工序。经粗绞后的原料装入料斗车内，进行准确称量后，用提升机将料斗车内的物料倒入搅拌机内，依次添加所需辅料后，把原料和辅料充分搅拌均匀。

（5）乳化工序。经搅拌均匀的物料直接通过管道输送到乳化机内，再进行乳化，以达到物料均一的状态。

（6）抽空搅拌工序。乳化后的物料经管道输送到真空搅拌机内，边搅拌边抽真空。

（7）金属探测工序。物料抽空搅拌后，经管道金属探测器对物料内的金属异物进行检测，以排除物料内混入金属异物，保证产品的安全性。

（8）定量灌装工序。物料经管道直接输送到灌装机，进行自动称量灌装。

（9）封口工序。物料灌装后，使用自动真空封罐机进行封口，封口要求迭接率、紧密度、接缝盖钩完整率达到 50% 以上。

（10）杀菌工序。封口产品通过滑道输送到杀菌盘上，正确摆盘后推入杀菌锅内，使用蒸汽杀菌锅进行杀菌，通过高温杀菌后，使产品达到商业无菌。

（11）保温工序。产品杀菌后，转入 37℃±2℃ 的保温库内进行保温 7 天，观察产品有无胀罐或腐败变质情况，保证产品符合商业无菌的要求。

（12）包装工序。保温后，经检验合格后，进行装箱包装。

3. 软包装罐头产品加工工艺

软包装宠物罐头是将原料解冻后经过预煮打丝、金探检测、添加配料搅拌、灌装、封口、杀菌、保温、包装，最后完成成品加工，其工艺流程如图 2-1-112 所示。

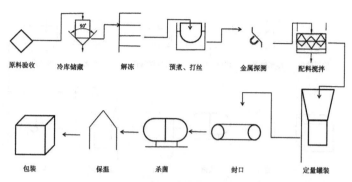

原料验收　冷库储藏　解冻　预煮、打丝　金属探测　配料搅拌

包装　保温　杀菌　封口　定量罐装

图 2-1-112　软包装罐头工艺流程

4. 软包装罐头工艺流程描述

（1）原料验收工序。原辅包材料依据法律法规和企业制定的检验标准进行验收，验收合格后入库存储。

（2）冷库储藏工序。原辅包根据产品特性要求贮存在不同的仓库中，一般畜禽动物肉原料贮存在-18℃以下的冷藏库中；其他辅料和包材常温保存。

（3）解冻工序。原料从仓库中取出后，脱掉原料包装后，均匀的摆放在解冻架上，采用自然解冻方式使原料完全化开后，可转入下道工序。

（4）预煮、打丝工序。解冻后的原料先使用熬煮锅进行预煮，预煮完成后使用打丝机打成鸡肉丝；打成鸡肉丝的产品需要摆放在案板上进行冷却。

（5）金属探测工序。冷却后的鸡肉丝，需经过金属探测器对产品进行金属异物检测，以排除产品中混入金属异物，保证产品的安全性。

（6）配料搅拌工序。准确称取原料和配料，倒入搅拌机内，把原辅料充分搅拌均匀。

（7）定量灌装工序。搅拌均匀后的物料使用定量灌装机，自动称量灌装。

（8）封口工序。物料灌装后，使用自动封口机或滚动封口机进行封口，封口宽度不小于10毫米，保证密封性符合要求。

（9）杀菌工序。封口后产品均匀的摆放在杀菌盘上，摆盘后推入杀菌锅内，使用全水式杀菌锅进行杀菌，通过高温杀菌后，使产品达到商业无菌。

（10）保温工序。产品杀菌后，转入37℃±2℃的保温库内进行保温7天，观察产品有无胀袋或腐败变质情况，保证产品符合商业无菌的要求。

（11）包装工序。保温后，经检验合格后，进行装箱包装。

（二）半固态宠物粮（罐头）生产加工的良好操作规范

1. 厂房设计要求

（1）厂区环境要求。厂区周围环境清洁，无生物、化学、物理性的污染源。并处在全年最大频率风向的上风向。优先选取便于利用已有公路、水路、铁路和公用水、电等设施比较完备的地区；宜选择地形平坦、地质坚实、地下水位较低的场地；应避开可能受洪水淹灌发生塌方、滑坡的地段，以及岩溶发育较强和地基处理复杂的地段，应注意节约用地，少占或不占耕地，厂区以矩形为宜，应处于居民区的下风向。厂区内不兼营、生产、存放影响产品安全卫生质量的其他产品。无危害宠物食品卫生的不良气味、有毒有害气体等。厂区内不饲养动物或宠物；并且有利于加工用水的排放。

（2）厂房建筑要求。厂区通道铺设水泥路面，路面平坦清洁，无积水，无尘土飞扬，厂区内非硬化空地植树种草进行绿化；厂区内卫生间都有冲水、洗手、防蝇、防虫、防鼠设施；地面、墙裙为瓷砖结构易清洗；厂区采用暗沟排水，排水通畅，无积水，生产中产生的废水排放及垃圾处理符合环保部门的有关规定；厂房是钢架和混凝土结构建筑，结构牢固，清洁卫生。

（3）加工车间的布局要求。车间面积与生产能力相适应，布局合理。清洁区和非清洁区严格分开，避免了交叉污染。排水通畅，通风良好，清洁卫生。车间与外界相连的通风、排水处设有防蝇虫、防鼠设施，排水口设水封地漏。车间灯具采用防水防尘防爆灯具，照明设施亮度满足加工人员的需要。车间内加工操作台的照度能够达到220勒克斯，且光线不会改变被加工物的本色。生产加工车间应保持通风良好，应装设有效的换气设施，其空气流向有高清洁区流程低清洁区。车间供电、供气、供水满足生产需要，并符合相关法律法规要求。

（4）仓库储存要求。原材料库房要考虑主要的原材料种类，原材料的存储容量和储存形式（库房、筒仓或配料仓），卫生分区的要求，以及原材料性质；冷冻原料要考虑冷库的低温温度监控要求，包装材料要考虑防潮控制要求；原料存放要码放整齐，产品离地面应不少于15厘米，与墙面距离不少30厘米。

2. 宠物罐头生产加工的卫生操作要求

（1）工厂区域划分要求。宠物罐头生产工厂严格的区域划分是为了防止产品在生产、包装等过程中被微生物、化学品及物理污染物污染而采取的卫生控制，以便将危害降低到最低程度。生产加工场所大致分为生产加工车间（杀菌前）、杀菌车间、包装车间（杀菌后）；杀菌前为洁净区、杀菌和包装车间为非洁净区，洁净区、非洁净区分开管理，有效避免了洁净区、非洁净区的交叉污染。

（2）产品接触面面的卫生控制。与产品接触的人员、设备、设施、工器具等接触面要制定详细的清洗频率、清洗方法、消毒液的浓度、清洗消毒时间等，并有相应的监控验证措施、方法。

（3）人员为卫生控制。从事与宠物食品接触的员工不应患有可能影响产品卫生的疾病。工厂每年组织员工进行一次健康检查，必要时做临时健康检查，新入职员工须先经卫生医疗机构体检合格后在安排上岗工作。

（4）化学品管理。工厂应制定并执行有毒有害物品的贮存和使用管理规范，确保厂区、车间和检验室使用的洗涤剂、消毒剂、杀虫剂、燃料油、食品级润滑油和化学试剂等有毒有害物品得到有效控制，避免对宠物食品、宠物食品接触面和宠食品包装物料造成污染。

（5）虫害控制。工厂应制定预防虫害的计划并有效实施；设置的虫害实施要建立布局图、并进行编号，定期进行检查确认。

（6）成品贮存管理。贮存方式及环境应避免阳光直射、雨淋、温度或湿度的急剧变化以及撞击等，以防止产品的品质、成分、外观等受到不良影响；成品仓库应按照产品名称、批次、包装状态分类存放，并做好标识和防护，保证产品先进先出的原则。

第二章 宠物食品工厂的工艺设计

自20世纪50年代开发了宠物干粮和罐头食品以来，人们已经从饲喂宠物餐桌残羹剩饭转为商品化宠物食品。这不仅对宠物主人更方便，而且可确保宠物食品营养更均衡。为了保证宠物食品的质量，提高宠物食品的利用率，必须科学合理地选择先进的宠物食品加工工艺。

第一节 宠物食品生产流程工艺设计

一、原料粉碎和混合工艺

全价宠物犬猫粮是根据宠物的饲养标准和原料的营养特点，将多种原料（包括添加剂）混合均匀，组成的混合物。国际上全价配合宠物食品生产工艺一般分为两类：一类是先粉碎后配料加工工艺；另一类是先配料后粉碎加工工艺。

1. 先粉碎后配料加工工艺

将需要粉碎的原料通过粉碎设备逐一粉碎成粉状后，分别进入各自的中间配料仓；按照宠物食品配方的配比，对这些粉状的原料逐一计量后，进入混合设备进行充分的混合，即成粉状配合宠物食品。如需成形就进入挤压膨化系统加工成颗粒，其工艺流程如图2-2-1所示。

此工艺的优点：单一品种宠物食品进行粉碎时粉碎机可按照宠物食品的物理特性充分发挥其粉碎效率、降低电耗、提高产量、降低生产成本，粉碎机的筛或风量还可根据不同的粒度要求进行选择和调换，这样可使粉状配合宠物食品的粒度质量达到最好的程度。

此工艺的缺点：需要较多的配料仓、进出料控制阀门和破拱等振动装置，因此生产工艺复杂，建设投资大；当需要粉碎的宠物食品种类超过3种以上时，还必须采用多台粉碎机，否则将造成粉碎机经常调换品种，操作频繁，负载变化大，生产效率低，电耗也大。目前，这种工艺均采用电脑控制生产，配料与混合工序和预混合工序均需按配方和生产程序进行。此加工工艺多采用于生产规模较大、配比要求和混合均匀度高、原料品种多的宠物食品。

2. 先配合后粉碎加工工艺

先将各种原料（不包括维生素和微量元素）按照宠物食品配方的配比，采用计量

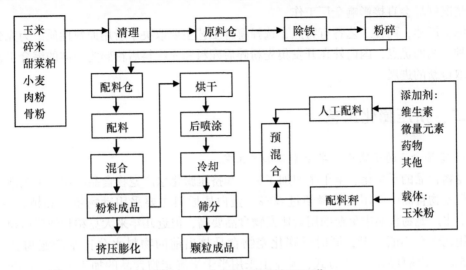

图 2-2-1　先粉碎后配料加工工艺

的方法配合在一起，然后进行粉碎，粉碎后的粉料进入混合设备进行分批混合或连续混合，并在混合开始时将被稀释过的维生素、微量元素等添加剂加入。混合均匀后即为粉状配合宠物食品。如果需要将粉状配合宠物食品压制成颗粒宠物食品时，将粉状宠物食品经过蒸汽调质，加热使之软化后进入挤压膨化机进行膨化，然后再经烘干、喷涂、冷却后即为膨化颗粒宠物食品。

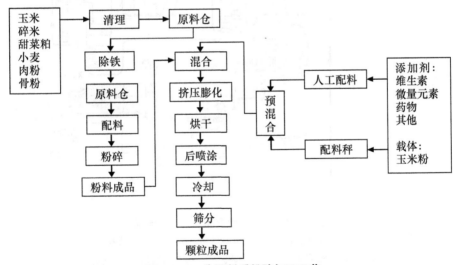

图 2-2-2　先配料后粉碎加工工艺

图 2-2-2 所示的先配合后粉碎加工工艺流程，包括原料清理除杂系统、配料系统、粉碎系统、混合系统和挤压膨化系统。它的主要优点是：工艺流程简单、结构紧凑、投资少、节省动力，原料仓就是配料仓，从而省去中间配料仓和中间控制设备。其缺点是部分粉碎宠物食品要经粉碎，造成粒度过细，影响粉碎机产量，又浪费电能。此工艺特点是原料仓也是配料仓，减少投资；不需要更多料仓，可适应物料品种的变化；粉碎机

工作情况好坏会直接影响全厂工作。

综上所述，两种工艺各有特点，选择哪种工艺主要取决于所用原料性质。为充分发挥两种工艺的优点，国内外在开发集先粉碎后配料和先配料后粉碎为一体的综合工艺方面已取得新的进展。

二、挤压膨化工艺

1. 宠物食品的干膨化、半干半湿加工工艺

宠物食品的干膨化、半干半湿加工工艺和挤压膨化水产宠物食品的加工工艺基本一致。但宠物食品中使用淀粉量超过 60%，蛋白质原料主要采用动物蛋白和植物蛋白。习惯上水产宠物食品中鱼粉的用量比宠物食品要高，但近几年来大豆粕和油籽植物蛋白的使用比例在不断上升，同时干膨化宠物食品挤出前的物料水分比水产宠物食品高2%~5%。宠物食品的加工方式，基本上采用半干半湿宠物食品的加工工艺，详细的加工工艺流程参见图 2-2-3。

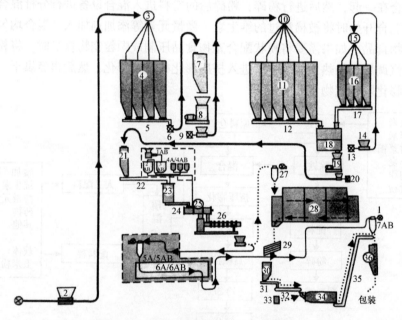

图 2-2-3　膨化宠物食品加工工艺流程

1. 风机　2. 投料口　3. 分配器　4. 原料仓　5. 螺旋输送机　6. 风机　7. 待粉碎仓　8. 粉碎机　9. 风机　10. 分配器　11. 配料仓　12. 螺旋输送机　13. 风机　14. 拆袋投料口　15. 分配器　16. 微量原料仓　17. 螺旋输送机　18. 称量混合机和缓冲仓　19. 粉碎机　20. 风机　21. 待膨化仓　22. 螺旋输送机　23. 破拱喂料仓　24. 螺旋喂料器　25. 预调质器　26. 挤压膨化机　27. 集尘器　28. 干燥机/冷却器　29. 振动筛　30. 缓冲仓　31. 螺旋输送机　32. 皮带秤　33. 油脂、浆料罐　34. 后喷涂机　35. 冷却输送带　36. 成品料仓

半湿宠物食品生产所需附加设备：1AB. 绞肉机，2AB. 接收罐与泵，3AB. 浆液料罐与泵，4AB. 液态添加剂罐与泵，5AB. 集尘器，6AB. 冷却器，7AB. 集尘器。

软膨化宠物食品生产所需附加设备：4A. 液态添加剂罐与泵，5A. 沙克龙，6A. 冷却器。

2. 软膨化宠物食品加工工艺

软膨化宠物宠物食品的水分达到25%~30%，主要使用肉浆、大豆、糖和湿润剂的混合物。软膨化宠物宠物食品中大量使用新鲜的湿加工动物副产品已成为趋势，但在加工过程中必须采取以下步骤。

（1）使用绞肉机，模板孔径为3毫米，对湿而新鲜的副产品进行初步加工。其目的是为了减小粒径，使其分布更均匀，并减小骨头及其他硬质颗粒的粒度。

（2）将绞碎的物料在蒸汽夹套容器中加热到60℃左右。达到此温度有3个目的。首先，保证所有混合物都被加热，从而消除加工温度的任何变异；其次，杀死在成品中生长的沙门氏杆菌或其他微生物。但是在60℃左右温度下蛋白质开始变性，因此不可超过该温度；再次，加热到此温度同时也为了熬出部分油脂，并降低混合物黏度，从而更有利于泵送。通常这些混合物含有60%~85%的水分，其脂肪、蛋白质及纤维的含量各不相同。通过内脏中天然酶的作用也可降低混合物的黏度。

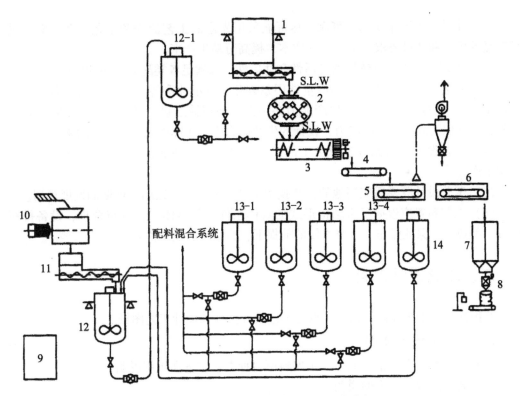

图2-2-4　软膨化宠物食品加工工艺流程

1. 减重喂料器　2. 差速调质器　3. 挤压膨化机　4. 皮带输送机　5. 烘干机　6. 冷却器　7. 成品仓
8. 包装秤　9. 冷库　10. 冷冻切片机　11. 肉粉碎机　12. 定量匀浆罐　12-1. 巴氏灭菌罐
13-1. 防霉剂　13-2. 防腐剂　13-3. 糖浆　13-4. 动物脂　14. 肉汁或鱼汁等

植物性蛋白质对宠物食品产品的结构与营养特性有很大的影响。可用作配合宠物食品的蛋白质来源，或直接加工成干的与罐装的肉类宠物食品产品。其加工工艺见图2-2-4。在加工工艺中肉浆可直接添加在调质器或挤压膨化机中，防霉剂、防腐剂、糖浆等直接添加在配料混合系统。调质前的加工工艺与挤压、膨化水产和宠物半干半湿宠物食品基本一致。

第二节　宠物食品工厂整体工艺设计

宠物食品厂工艺设计范围主要包括生产车间（主、副料加工车间）、立筒库、副料库、成品库等直接和间接生产部分的工艺设计。工艺设计是一项全面的综合性工作，不仅技术性、经济性强，而且还是一项艺术性很强的工作。工艺设计根据具体条件的不同而不同，但其设计的基本原则相同。

一、工艺设计基本原则

（1）工艺设计要求实用、可靠，尽可能采用先进的工艺流程和工艺设备。既要满足产品的质量和产量要求，又要节约成本、提高劳动生产率。

（2）工艺设计应具有较好的灵活性和适应性，以满足各类配方产品的生产。

（3）工艺设计中设备的选用尽量选用系列化、标准化和零部件通用的设备，要保证流量平衡，后道输送设备的生产能力必须大于前道输送设备的生产能力5%～10%。另外，为确保达到实际生产能力，设计的生产能力应比实际能力大15%～20%。

（4）工艺设计中要充分考虑员工的工作环境，符合环保及消防要求，确保安全、文明生产。

（5）工艺设计既要适应当地的生产技术水平，又要兼顾近期及远期的发展规划。

（6）工艺布置应根据厂房结构形式的具体条件，是整体工艺排布合理，设备排布整齐、美观。在保证操作、维修方便的前提下，尽量减少建筑面积。

二、工艺设计内容

宠物食品厂工艺设计的任务是编写工艺设计文件和设计工艺图纸。

（一）工艺设计文件

（1）产品种类和产量的概述，主副料原料种类、质量和年用说明。

（2）各生产部分联系的说明。

（3）工艺流程说明（附流程框图）。

（4）工艺设备的选择计算和设备一览表。

（5）水、电、汽、煤（油）等的需要量计算。

（6）设备、材料、动力费用概算表。

（7）工厂车间及库房等劳动组织和工作制度概述。

（二）工艺设计图纸

（1）工艺流程图。

（2）主车间、立筒库、副料库，设备平面布置图，纵、横剖面图。

（3）设备安装楼层的预埋与预留地脚孔洞图。

（4）设备大样安装图。

（5）通风除尘风网。

（6）生产用蒸汽、压缩空气和液态添加系统图。

（7）工艺设备各类配套用非标和引用标准设备图。

（三）工艺设计的依据和需掌握的材料

（1）宠物食品厂的拟建规模。

（2）产品的品种和规格及发展的要求。

（3）宠物食品配方和常用宠物食品原料的品种、物理性质。

（4）原料和成品的集散方式。

（5）投资规模和实施的步骤。

（6）工艺设计指标与拟建厂的人员素质。

（7）国内外同等规模宠物食品厂的综合概况。

（8）国内外相关加工工艺及设备的技术水平、使用性能与报价。

（四）工艺设备的选择

工艺设备的选择原则：选择设备应满足工艺的要求，工作安全可靠、使用维修方便、节能高效、符合环保要求。尽可能选用标准化、系列化及零部件通用化设备。

（五）宠物食品车间的工艺设备布置

1. 设备布置原则

设备布置的原则首先应满足、保证生产工艺流程畅通，其次是便于安装、维修和操作的方便、保证安全和经济合理。一般大中型宠物食品厂建设，宜采用多层建筑，结构可以是钢结构形式也可以是钢筋混凝土结构形式。

（1）保证生产工艺流程畅通。

①设备的排布应按工艺流程顺序进行，尽可能利用建筑高度，使物料自流，减少提升次数，节省占地和建筑面积。

②相同的设备应集中布置，便于管理。

③清理工段的磁选设备置于初清筛后，粉碎机、制粒机和膨化、挤压机等关键设备前配置磁选设备。

④配料仓排布合理，有利于出仓喂料机的排列。配料仓的布置形式可以是矩形、扇形或圆形，配料仓应配置排气设施；出仓喂料机的出口距配料秤盖板的距离应不大于0.5米，以减少空中落差，保证配料精度。

⑤粉碎机等震动和噪声大的设备，可将其布置于一楼或地下室，在一楼或其他层面放置时应设隔音房。

⑥配料秤周围不宜布置振动较大的设备，中心控制室应有隔音和空调设施，以确保

配料精度。

⑦混合机应排在配料秤下方，混合机下缓冲斗的容积应根据混合机类型配置，但至少能存放一批物料；混合机与成品仓之间的输送距离不宜过长。

⑧颗粒机、膨化机和挤压机的回料管，必须连接在喂料机进口头部，确保流程的畅通。冷却、干燥机和分级筛宜直接布置在下道，各类物料方便地进入各自的流程。

⑨成品仓高度大于 5 米时，仓内应设防止分级装置，颗粒成品仓高度不宜超过 5 米，以减少颗粒破碎。

⑩设备布置要保证溜管的角度，一般物料不应小于 50°~60°；同时也要保证设备出料斗、仓斗的料流角度，一般角度不小于 45°~50°，以防止出现分级和自流不畅的现象。

⑪除尘风网的组合要根据同质合并的原则，除尘风网和冷却风网合理布置，应尽量减少风管的长度和弯头等，以减少阻力、降低能耗。对噪声较高的风机应采取隔音、消音等措施。在风机的进口安装蝶阀。除尘设备、除杂设备的集灰管落差要低，应避免粉尘循环。

⑫设于露天场地的输送设备，地坪的标高应比场地标高高 0.15 米。

（2）便于安装维修。

①设备应布置整齐，并留有足够的安全走道和操作维修距离。一般走道宽度为 1~1.2 米，主走道宽度为 1.2~1.5 米，设备之间横向走道为 0.6~0.8 米，设备的非操作面与墙的距离为 0.35~0.5 米。在布置圆筒初清筛、振动分级筛、锤片粉碎机、挤压膨化机等设备时应特别注意留有足够的更换零件和操作的空间。

②大型设备的上方要设置维修吊钩，吊钩的荷重和高度应按设备的最大荷重和最低吊离要求定。

③多层厂房的各层楼面要设吊物孔，上下各层对齐。孔的大小和孔顶吊钩荷重，按设备的最大部件定。孔上要铺盖板或设栏杆。

④设备或管道上的法兰，不得布置在穿越楼板或墙壁的孔洞内，以免影响维修，预留洞孔应有足够的操作空间。

⑤易磨损的溜管、三通、分配盘和料斗等需设置耐磨板，同时考虑检修门，搭设检修平台。

⑥圆筒仓及大型宠物食品厂的配料仓、过渡斗、成品仓，仓内要设爬梯。

⑦凡电动机均需设置底座或地脚活轨，便于维修。

（3）方便操作、确保安全。

①设备的操作点，如闸门的手轮、翻版的扳手、各种按钮以及加油点等，在布置时均应将其置于人手所及并便于操作的范围内。如有困难，则要调整安装高度、增设操作平台或踏步。对过高的闸门可以用手拉链条链轮来代替手轮。

②要重视车间通道的通行方便，楼梯的走道不能过陡过窄；楼梯尽量放在室内；尽量少用爬梯；对经常取样的部位要便于通行。

③楼梯、走道及上人的屋面、库房顶及操作平台的边缘，都要设置安全栏杆。

④凡转动的设备部件，如联轴器、皮带轮及传动皮带、链轮及链传动等都要设防

护罩。

⑤凡有一定重量的管子、风网、过渡斗等，均应设置支撑和固定用的支架或吊架，不能将其重量直接压在相关设备上。

⑥图中标注的设备荷重，必须完整正确。计算设备荷重时不可漏掉工作状态中的料重以及设备上保温材料的重量等。

⑦基础螺栓孔孔边距基础尺寸，一般不应小于0.1~0.15米，螺栓直径小、长度短时取下限，反之取上限，以保证地脚螺栓的安装质量，并有利于土建施工。

2. 工艺设计图的表示方法

（1）平面图表示法。平面图用以表示厂房各层楼面（必要时应画出地下层和屋顶平面图）机械设备的平面布置，在平面图内有下列内容和尺寸。

①厂房结构形式，包括墙身轮廓、门窗、楼梯、梁柱等位置。

②绘出厂房纵向中心线、开间（梁距）轴线、墙身轴线，标注外墙轴线间距离尺寸、梁距尺寸。

③绘出机械设备的平面图形和设备中心线。标注定位尺寸（应以厂房纵向中心线和梁距轴线为基准）、料仓的平面尺寸和定位尺寸。

④标出剖切位置符号的投影方向。

（2）纵横剖视图表示法。纵横剖视图用以表示厂房各层楼面机械设备的立面布置图，在纵剖视和横剖视图内应有以下内容和尺寸。

①与平面图相同的厂房立面结构形式。

②绘出厂房开间轴线、墙身轴线、每层楼楼面线，标注外墙轴引间距尺寸、每层楼面的高度尺寸。

③绘出机械设备的立面图形（正视和侧视图），标注各种设备所需的安装高度，例如风管、传动轴、螺旋输送机、机架、工作平台、料仓高度和地坑深度等。

④一般高度尺寸在纵剖视视和横剖视图上只注一次。

现代计算机软件可以大大提高工程设计能力。三维设计相对二维图纸，更直观更容易观察。图2-2-5为三维工厂的设计图纸。

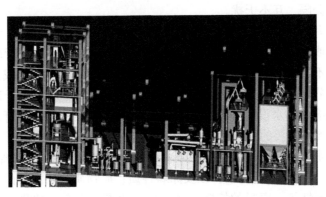

图2-2-5　三维工厂的设计

第三节　宠物犬猫粮工厂设计实践中的关键控制点

总图设计首先应先根据当地规划部门提供的规划设计条件来决定建筑物退让红线的距离、绿地率、容积率等指标。了解厂区内高、低压线路布置情况，根据提供的规划条件退让距离。

一、总平设计以及工艺流程设计

1. 厂址选择

应按照有利生产、方便生活、交通便捷的原则，应尽量接近原料产地比较集中的地区。并符合下列要求：

应避开易燃、易爆和排放有害气体、有害粉尘的工厂，并处在全年最大频率风向的上风向。优先选取便于利用已有公路、水路、铁路和公用水、电等设施比较完备的地区；宜选择地形平坦、地质坚实、地下水位较低的场地；应避开可能受洪水淹灌发生塌方、滑坡的地段，以及岩溶发育较强和地基处理复杂的地段，应注意节约用地，厂区以矩形为宜，应处于居民区的下风向。

2. 总平面设计应符合下列要求

设计任务书和城市建设规划部门对已选定厂址的要求；主、辅建筑布局合理，生产作业线最短，各区域联系最方便；在满足生产要求前提下，应注意节约用地，减少土石方工程量；对建筑布局、运输、竖向、道路、供电线路、上下水和工业管道、消防、绿化、环保等进行综合考应立足近期工程，兼顾扩建项目，但平面规划应一次完成。

（1）建筑布局。建筑物之间距离，应满足防火要求；建筑物的朝向有利于在夏季获得良好的自然通风；应当防止或减少生产车间噪声和粉尘对其他建筑物的影响；分区布局按生产流程及功能，宜划分为行政服务区、装卸作业区和生产区。每个区域既有紧密联系又须适当分隔，互不干扰。

（2）道路。厂区通道应有二个以上的安全出入口；长度超过35米的尽端式车行道，应设回车场或转盘池，其回转半径不小于9米；装卸作业区及行政服务区的干道旁，宜另设宽度不小于0.75米的人行道；厂区内道路边缘至相邻有或无出人口的建筑物的外墙的净距分别不应小于3.0米或1.5米，大、中型厂厂内主干道宽度应设计为6~7米。厂区内应有排水设施并与城市排水系统或沟、渠、池塘、河流等相连接。预留出将来扩大生产所需要的生产线空间。

（3）库房。原料库房要考虑主要的原料种类，原料的存储容量和储存形式（库房、筒仓或配料仓），卫生分区的要求，以及原料性质；矿物质和预混料的容重和性质；原料的腐蚀性、吸湿性等；原料的接收方式：船、火车、卡车、吨袋、小包；投料的方式：数量、形式、物料尺寸和投料产量。原料库房的要求储存时间（天），配料仓要求储存时间（小时）等。成品库房要求考虑运出的方式（散料、船、火车或卡车）、吨袋或小包装，储存时间，成品周转率等。

（4）当地的法规/要求。要考虑到地区管制，包括建筑物的高度，容积率，人口限制等；对安全的要求，包括从业人员（CE 或类似的标准），防爆（ATEX）；对排放物例如噪音、臭气、污水等环境的要求；热源种类，是气体，油，煤（重污染），蒸汽管道等；对安装限制：施工许可，工作时间等。

二、保证宠物食品卫生安全的关键点

1. 工厂的分区设计

宠物食品工厂的设计要求比畜禽及水产饲料工厂更加严格，生产商需要理解满足相关条例规范的要求及商业风险。工艺及设备分区布局基于卫生原则（杀菌前，杀菌区，杀菌后），分离工厂车间入口、通道、更衣室、洗手间、休息室，从而进行分区卫生清理程序，设置人员及设备通道用来处理废料、垃圾、回料，在进入杀菌区及杀菌后区域时，设置过渡区进行人员及设备的清洁消毒。一般使用不同的颜色来区分不同区域的卫生级别（图 2-2-6）。

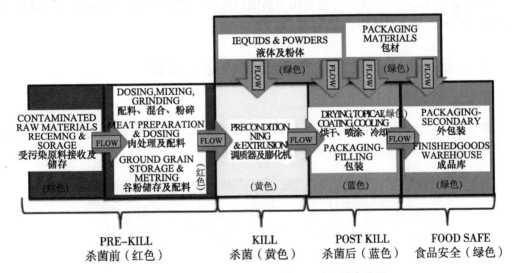

图 2-2-6　杀菌前及杀菌后物料隔离及储存分区

细菌是最常见的引发宠物食源性疾病的原因（沙门氏菌，肉毒杆菌，利斯特菌，葡萄球菌，大肠杆菌等）。沙门氏菌，在宠物食品工厂的很多原料中都存在，一个细菌每 30 分钟倍增一次，15 小时即可形成一个 10 亿个细菌的群落。被污染的食物会引起宠物及宠物主人生病，各国政府的条例规范的要求在全球范围内显著提升，要求宠物食品与人类食品的品质相同。

2. 空气过滤系统

工厂使用经过滤的补风并控制气流流向，需要考虑膨化机风送，烘干机，冷却器，人员用通风，热量移除风量。需要计算风量平衡从而确保为杀菌区及杀菌后区域提供过量补风来保证区域的持续正压，从而使气流流向杀菌前区域（图 2-2-7）。注意补风应该被过滤（过滤掉细菌）。

图 2-2-7　宠物食品生产车间的新风过滤系统

3. 高风险区域防止再污染

因为微生物必须要有水才能生长，因此生产过程避免产生冷凝水，地上避免有水，清理尽量不用水，杀菌区及杀菌后区域避免水及冷凝；膨化机风送及烘干机进口，烘干机和冷却器出口之间的设备；尽量使用不锈钢以及没有缝隙及间隔的连接表面，设备可进入进行检修，清理及清洁。

三、宠物工厂的除尘、气味处理和能量回收

1. 除尘

粉尘防爆符合中国《饲料加工系统粉尘防爆安全规程（GB 19081—2008）》，可采用除尘投料坑，倒车方式节约空间（图 2-2-8）。

图 2-2-8　粉尘防爆设备

　　针对小包装人工投料区域可采用更加严格的除尘标准，所有粉料输送设备配备除尘器，以保证传送回路的负压条件（图2-2-9）。

图 2-2-9　除尘器

　　减少随口漏出将减少仓内或设备内过压的风险，也就减少了因此产生的灰尘泄露，所有粉碎系统的除尘可配备小于150毫克/立方米吸风量的除尘系统，安装方面考虑省去加工区域内的人工小料或预混料的添加，采用更为合理的系统。

　　2. 气味处理

　　气味处理系统在很多国家是强制执行的标准，这一点在设计工艺的时候一定要考虑到，以下是几种处理气味的途径（表2-2-1，图2-2-10）。

表 2-2-1　气味处理途径

解决方案	清理效率
1. 烟囱	0%（仅有稀释功能）
2. 臭氧反应器或等离子体反应器	70%~85%
结合其他技术（如洗涤器）	70%~95%
3. 生物或化学洗涤器	70%~90%
结合其他技术（如生物过滤器）	70%~99%
4. 生物过滤器——传统的及特殊的	70%~99%
5. 蓄热式氧化炉氧化	90%~99%
6. 再流通或冷凝，包含煤过滤和生物过滤	98%~99%

图 2-2-10　除味装置

3. 能量回收系统

目前生产所用能源都是不可再生能源，能源价格会一直增高，能源回收再利用会有战略性的重要意义。降低能源成本相当于提高竞争力。能源再利用系统可以提高加工工艺和产品质量，能源再利用可降低设备温度，改善加工环境，提高生产效率。

宠物粮生产使用蒸气和水耗能占比总能耗的 25%，烘干环节耗能 40%，用电耗能约 35%，整个过程中会有大量的能量损耗，高效的能量再利用包括冷却器的气体、烘干机排出的气体和气力输送和闪蒸的气体的再利用。通过能量的回收再利用，每年可以节约很大一笔费用（表 2-2-2）。

表 2-2-2　宠物食品工厂能耗分布

设备	电耗
膨化机	30 千瓦时/吨
粉碎/烘干/冷却等设备	60~70 千瓦时/吨
总电耗	90~100 千瓦时/吨
膨化机	80~90 千克/吨
烘干机	200~330 千克/吨
蒸汽损耗	280~420 千克/吨
水耗	100~200 千克/吨

参考文献

曹康，金征宇 . 2002. 现代饲料加工技术 ［M］. 上海：上海科学技术出版社 .

丁丽敏，夏兆飞 . 2010. 犬猫营养需要 ［M］. 北京：中国农业大学出版社 .

方希修，王冬梅 . 2012. 高职高专教育"十二五"规划建设教材：宠物营养与食品 ［M］. 北京：中国农业大学出版社 .

王景芳，史东辉 . 2008. 宠物营养与食品 ［M］. 北京：中国农业科学技术出版社 .

王凯，冯连芳 . 2000. 混合设备设计 ［M］. 北京：机械工业出版社 .

王随元，于炎湖，方军 . 2006. 饲料工业标准汇编（2002—2006 年）［M］. 北京：中国标准出版社 .

杨凤 . 2000. 动物营养学 ［M］. 北京：中国农业出版社 .

邹思湘 . 2005. 动物生物化学 ［M］. 北京：中国农业出版社 .

陈志敏，王金全，常文环 . 2014. 宠物犬营养需要研究进展 ［J］. 饲料工业 （17）：021.

陈志敏，王金全，高秀华 . 2012. 宠物猫营养生理研究进展 ［J］. 饲料工业（17）：52-56.

陈立新 . 2013. 宠物食品鸡肉条的加工工艺 ［J］. 肉类工业（10）：23-24.

陈靓 . 2009. 宠物食品生产过程与品质控制 ［J］. 饲料博览（6）：38-40.

程宗佳 . 2005. 渐减弱挤压技术及其在饲料工业中的应用（2）［J］. 饲料广角（10）：23-24.

单达聪，季海峰，王雅民 . 2007. 干法膨化宠物饲料技术参数关系的研究 ［J］. 饲料工业，28（17）：3.

单达聪 . 2008. 膳食纤维与左旋肉碱对宠物犬体重控制影响的研究 ［J］. 饲料与畜牧：新饲料（4）：36-38.

董晓丽，王利华，韩庆广，等 . 2009. 犬牙齿保健日粮配方及加工工艺的优化研究 ［J］. 中国畜牧兽医（5）：25-28.

范金莉 . 2012. 珍奇犬粮配方设计、加工工艺与饲喂试验 ［D］. 南京：南京农业大学 .

高峰 . 2016. 宠物犬初生幼仔护理技术要点 ［J］. 畜禽业（4）：54-55.

黎先伟 . 2013. 美国对宠物食品的管理法规 ［J］. 兽医导刊（3）：74-76.

李凯年，裴海宁 . 2011. 健康犬和猫的饲喂与营养管理研究进展（一）［J］. 中国动物保健（9）：64-66.

李凯年，裴海宁.2011.健康犬和猫的饲喂与营养管理研究进展（二）[J].中国动物保健（10）：71-74.

李文钊，褚树成，吴强.2003.犬食的配方与工艺研究[J].粮食与饲料工业，8：11.

李欣.2013.牛肉粒（犬粮）干燥过程及贮藏期品质变化的研究[D].哈尔滨：东北农业大学.

林德贵.2010.我国宠物业现状，机遇与挑战[J].中国比较医学杂志（11）：13-16.

刘定发.1998.宠物食品的蛋白质[J].国外畜牧学：饲料（5）：25-27.

罗守冬，邵洪侠，李亚丽.2007.宠物犬日粮配合的原则[J].畜牧兽医科技信息（4）：87-87.

马俪珍，孟宪敏.1994.浅谈宠物食品的开发与利用[J].肉类研究，8（2）：8-9.

马颖，吴燕燕，郭小燕.2014.食品安全管理中HACCP技术的理论研究和应用研究：文献综述[J].技术经济，33（7）：82-89.

孟范永.1998.犬猫便秘的原因及治疗[J].畜牧兽医杂志，17（1）：50-50.

南贰.2016.营养加关爱 发酵鲜肉配方[J].宠物世界（犬迷），4：034.

逄圣慧，于海峰，崔波.2011.半干鸡肉宠物食品的护色研究[J].肉类研究，25（5）：1-4.

施腾鑫，蒋德意，郗洪生.2014.动物微生态制剂在宠物领域的应用现状及研究进展[J].微生物学通报，41（12）：2510-2515.

史光华，邵庆梅.1994.调味剂改善宠物挤压膨化饲料风味的原理和方法[J].中国养犬杂志，5（4）：19-20.

宋立霞，刘雄伟，糜长雨.2009.挤压膨化技术在宠物食品中的应用[J].饲料与畜牧：新饲料（11）：21-22.

宋伟.2003.宠物食品法规的全球化进程——全世界标签可能达到统一吗？[J].饲料广角（6）：30-30.

王丹.2012.玛氏的神秘配方[J].环球企业家，（23）：64-66.

王德福，蒋亦元.2006.双轴卧式全混合日粮混合机的试验研究[J].农业工程学报，22（4）：85-88.

王德福.2006.双轴卧式全混合日粮混合机的混合机理分析[J].农业机械学报，37（8）：178-182.

王金全.2016.宠物犬，猫蛋白质营养研究进展[J].养犬（3）：27-30.

熊光权，叶丽秀，程薇，等.2008.淡水鱼加工副产物的宠物食品研制[J].湖北农业科学，47（10）：1204-1206.

徐虎，郭守堂，罗云.2003.宠物食品中究竟有什么[J].警犬（1）：48-50.

姚璐，陆江锋，吴宝华，等.2011.我国食品进出口安全检测现状及对策[J].食品工业科技，32（2）：299-301.

于庆龙，李军国，任广跃，等．2003．翻转式双轴桨叶混合机的设计［J］．粮食与饲料工业（10）：22-23．

张明秀．2013 高多不饱和脂肪酸含量犬粮的制备及应用研究［D］．无锡：江南大学．

张扬，子凡．2010．本土化的思考——诗卡维功能型营养犬粮［J］．宠物世界：犬迷（3）：18．

赵玉侠．2011．宠物犬的饲养管理技术［J］．河南畜牧兽医：综合版，32（6）：48-49．

郑宗林，黄朝芳．2001．猫狗的营养需求及饲料开发问题探讨［J］．饲料广角（16）：14-16．

仲晓兰．2014．宠物食品及其行业发展状况［J］．中国畜牧业（23）：44-45．

AAFCO. AAFCO dog and cat food metabolizable energy protocols. 2011. In：Official Publication- Association of American Feed Control Officials Inc.：175-180.

Addy J F. 2002. Flavoring system for pet foods：U. S. Patent 6, 379, 727［P］.

Al-Murrani S W K. 2006. Methods and systems for designing animal food compositions：U. S. Patent 11, 366, 655［P］.

Brennan M A, Derbyshire E, Tiwari B K, et al. 2013. Ready-to-eat snack products：the role of extrusion technology in developing consumer acceptable and nutritious snacks［J］. International Journal of Food Science & Technology, 48（5）：893-902.

Buchanan R L, Baker R C, Charlton A J, et al. 2011. Pet food safety：a shared concern［J］. British Journal of Nutrition, 106（S1）：S78-S84.

Cheuk W L, Dierking M L. 2002. Pet food composition and method：U. S. Patent 6, 440, 485［P］.

Cheuk W L, Dierking M. 2002. Pet food composition and method：U. S. Patent 6, 436, 463［P］.

Cheuk W L, Hayward L H, Thawnghmung P L. 2002. High meat pet food compositions：U. S. Patent 6, 410, 079［P］.

Colliard L, Ancel J, Benet J J, et al. 2006. Risk factors for obesity in dogs in France［J］. the Journal of Nutrition, 136（7）：1951-1954.

Di Cerbo A, Morales-Medina J C, Palmieri B, et al. 2017. Functional foods in pet nutrition：focus on dogs and cats［J］. Research in veterinary science, 112：161-166.

Dzanis D A. 2008. Understanding regulations affecting pet foods［J］. Topics in companion animal medicine, 23（3）：117-120.

Earle K E, Kienzle E, Opitz B, et al. 1998. Fiber affects digestibility of organic matter and energy in pet foods［J］. the Journal of Nutrition, 128（12）：2798-2800.

Jones D R, Lewis L D. 2000. Combination container and dry pet food for increased shelf life, freshness, palatability, and nutritional value：U. S. Patent 6, 042, 857［P］.

Karthikeyan N, Singh R P, Johri T S, et al. 2002. Nutritional quality and palatability of pet food from poultry by-product meal［J］. Indian Journal of Animal Sciences, 72

(5): 410-413.

Khoo C, Scherl D. 2010. Method to reduce stool odor of companion animals: U. S. Patent 7, 687, 077 [P].

Khoo C. 2007. Method for Modifying Gut Flora in Animals: U. S. Patent 11, 617, 801 [P].

Khoo C. 2010. Method to reduce odor of excreta from companion animals: U. S. Patent 7, 722, 905 [P].

Kienzle E. 2002. Further developments in the prediction of metabolizable energy (ME) in pet food [J]. the Journal of Nutrition, 132 (6): 1796-1798.

Laflamme D P, Abood S K, Fascetti A J, et al. 2008. Pet feeding practices of dog and cat owners in the United States and Australia [J]. Journal of the American Veterinary Medical Association, 232 (5): 687-694.

Laue D K, Tucker L A. Recent advances in pet nutrition [M]. 2006 Nottingham University Press.

Lepine A, Reinhart G A. 1998. Pet food composition for large breed puppies and method for promoting proper skeletal growth: U. S. Patent 5, 851, 573 [P].

Lin C F, Lin J K, Jewell D E, et al. 1997. Pet food composition of improved palatability and a method of enhancing the palatability of a food composition: U. S. Patent 5, 690, 988 [P].

Lin S, Hsieh F, Huff H E. 1997. Effects of lipids and processing conditions on degree of starch gelatinization of extruded dry pet food [J]. LWT - Food Science and Technology, 30 (7): 754-761.

Logan E I. 2006. Dietary influences on periodontal health in dogs and cats [J]. Veterinary Clinics: Small Animal Practice, 36 (6): 1 385-1 401.

Lund E M, Armstrong P J, Kirk C A, et al. 2006. Prevalence and risk factors for obesity in adult dogs from private US veterinary practices [J]. International Journal of Applied Research in Veterinary Medicine, 4 (2): 177.

Nadeau D B, Jackson M L, Semjenow G A. 2001. Pet food for maintaining normal bowel health: U. S. Patent 6, 280, 779 [P].

National Research Council (NRC). 1985. Nutrient Requirements of Dogs. Washington, D. C.: National Academy Press.

National Research Council (NRC). 1986. Nutrient Requirements of Cats. Washington, D. C.: National Academy Press.

National Research Council (NRC). 1987. Vitamin Tolerance of Animals. Washington, D. C.: National Academy Press.

National Research Council (NRC). 1995. Nutrient Requirements of Laboratory Animals. Washington, D. C.: National Academy Press.

Qvyjt F. 2005. Pet food composition having enhanced palatability: U. S. Patent 10, 996, 713 [P].

Rivers J P W, Burger I H. 1989. Allometric considerations in the nutritionof dogs. Pp. 67–112 in Nutrition of the Dog and Cat, Burger I H and Rivers J P W, eds. Cambridge, UK: Cambridge University Press.

Scherl D S, Dodd C E, Qvyjt F. 2012. Method for increasing the shelf life of a physically discrete dry pet food composition: U. S. Patent 8, 263, 113 [P].

Scherl D, Logan E, Gross K. 2012. Method to promote oral health in companion animals: U. S. Patent 8, 168, 161 [P].

Shakhar C, Pattanaik A K, Kore K B, et al. 2010. Appraisal of Feeding Practices and Blood Metabolic Profile of Pet Dogs Reared on Homemade Diets [J]. Animal Nutrition and Feed Technology, 10 (1): 61–73.

Swanson K S, Carter R A, Yount T P, et al. 2013. Nutritional sustainability of pet foods [J]. Advances in Nutrition, 4 (2): 141–150.

Tran Q D, Hendriks W H, van der Poel A F B. 2008. Effects of extrusion processing on nutrients in dry pet food [J]. Journal of the Science of Food and Agriculture, 88 (9): 1487–1493.

van Rooijen C, Bosch G, van der Poel A F B, et al. 2014. Quantitation of Maillard reaction products in commercially available pet foods [J]. Journal of Agricultural and Food chemistry, 62 (35): 8883–8891.

Van Rooijen C, Bosch G, Van der Poel A F B, et al. 2013. The Maillard reaction . and pet food processing: effects on nutritive value and pet health [J]. Nutrition Research Reviews, 26 (2): 130–148.

Vester B M, Swanson K. 2007. Nutrient–gene interactions: application to pet nutrition and health [J]. Vet. Focus, 17 (2): 25–32.

Yamka R M, Friesen K G. 2013. Compositions and methods for controlling the weight of animals: U. S. Patent 8, 597, 677 [P].

Zicker S C, Wedekind K J. 2014. Method for prolonging the life of animals: U. S. Patent 8, 722, 112 [P].

Zicker S C. 2008. Evaluating pet foods: how confident are you when you recommend a commercial pet food? [J]. Topics in Companion Animal Medicine, 23 (3): 121–126.